青少年生态文明教育活动
——资源篇

孔海燕 彭秀伶 景建英 主 编
张 婧 陈 辉 刘书军 副主编

清华大学出版社
北京

内容简介

本系列书以青少年生态文明教育为主题，分为《方法篇》《资源篇》和《成果篇》，系统探讨了生态文明教育的理论、实践与成果，旨在为我国中小学教师、学校管理者及生态文明教育领域学者提供全面的理论指导与实践参考。

《资源篇》作为系列书的第二部分，精选了北京市密云区青少年生态文明教育的典型案例，通过实践案例展示生态文明教育的重要性与实效性。本书详细记录了北京市密云区丰富多样的生态文明教育资源点及其具体课程体系，同时展示了密云区生态文明教育活动的推广情况，为其他地区依托本土资源开展生态文明教育提供全面、实用的资源指南。

本书封面贴有清华大学出版社防伪标签，无标签者不得销售。
版权所有，侵权必究。举报：010-62782989，beiqinquan@tup.tsinghua.edu.cn。

图书在版编目（CIP）数据

青少年生态文明教育活动. 资源篇 / 孔海燕，彭秀伶，景建英主编.
北京：清华大学出版社，2025.4. -- ISBN 978-7-302-69004-7
Ⅰ. X321.2
中国国家版本馆 CIP 数据核字第 2025UT9911 号

责任编辑：张　弛
封面设计：刘　键
责任校对：袁　芳
责任印制：刘　菲

出版发行：清华大学出版社
网　　址：https://www.tup.com.cn，https://www.wqxuetang.com
地　　址：北京清华大学学研大厦A座　　　　　　邮　编：100084
社 总 机：010-83470000　　　　　　　　　　　　邮　购：010-62786544
投稿与读者服务：010-62776969，c-service@tup.tsinghua.edu.cn
质量反馈：010-62772015，zhiliang@tup.tsinghua.edu.cn
课件下载：https://www.tup.com.cn，010-83470410
印 装 者：三河市君旺印务有限公司
经　　销：全国新华书店
开　　本：185mm×260mm　　　印　张：6.75　　　字　数：151千字
版　　次：2025年5月第1版　　　　　　　　　　　印　次：2025年5月第1次印刷
定　　价：59.00元

产品编号：108117-01

前　言

　　生态文明建设是关系中华民族永续发展的根本大计，也是人民美好生活向往的必然要求。中小学生是未来生态文明建设的主力军，加强他们的生态文明教育至关重要。通过在中小学中实施生态文明教育，不仅有助于学生掌握基础的生态文明知识，而且能够培养他们对自然环境的尊重和保护意识，形成人与自然和谐共生的价值观。

　　建设生态文明离不开教育，从教育模式上来看，生态文明教育可分为正规环境教育和非正规环境教育两类。近年来，世界各国在积极推进正规环境教育的同时，对非正规环境教育也给予了越来越多的关注——生态科普基地、生态农场、森林公园、湿地公园、野生动物园、植物园、自然博物馆、自然学校、生态科技园区等多种多样的生态文明教育场所也应运而生，我们将这些针对社会公众或某一特定人群开放的，具备环境科普、教育、体验等相关功能和一定规模及社会影响的场所、设施、机构以及具有一定代表意义、一定知名度和影响力的风景名胜区、重要林区、古树名木园、湿地、鸟类观测站、青少年教育活动基地、文化场馆（设施）等统称为"生态文明教育资源"。生态文明教育资源是实施非正规环境教育的主要平台，它将休闲体验与启发民智相结合，丰富了传统的教育形式，是生态文明教育工作不可或缺的重要组成部分，能够促进人与自然和谐价值观的形成。这种非正规环境教育的功能十分显著，其主要特征包括具有学习性和观赏性，能够从中了解自然、亲近自然，同时教育资源点多数具备天然的地理优势与丰富的自然资源。因此，我们应当充分发挥其生态文明教育功能，有效推进生态文明建设。

　　北京市重视生态文明教育，密云区青少年宫积极响应，深入探索生态文明教育的实践活动。经过多年探索与实践，以生态教育资源优势为依托，以"生态化教育"为核心理念定位，推动区域青少年生态文明教育系统化构建与高质量实施，从而整体推进密云区青少年的生态文明教育。这需要我们立足新时代发展阶段，多角度、全方位贯彻生态文明理念，规划新发展格局，聚焦绿色、低碳的生态文明教育，并将其作为贯穿国民教育体系中不同层次的衔接纽带和关键环节。密云区积极采取科学有效的教育方法，增强各学龄段学生对自然环境的尊重和保护意识，并逐步形成人与自然和谐共生的价值观念。为了将生态文明牢牢植根于中小学生的思想中，各生态文明教育资源点承载着重要的责任。同时，创新人才培养是我国应对国际竞争、实现科技自立自强的重要支撑。全面提升创新人才培养质量可以通过整合生态文明教育资源，为创新人才的早期发现与培养提供有力支持。

　　本系列书以青少年生态文明教育为主题，分为《方法篇》《资源篇》和《成果篇》，从理论、实践与成果三个维度系统探讨生态文明教育的内涵、方法与实践路径。《资源篇》作为系列书的第二部分，聚焦于生态文明教育资源的开发与利用。本书共分为四章，对生态文明教育、北京市密云区生态文明教育活动资源、北京市密云区生态文明教育活动资源课程活动以及北京市密云区生态文明教育活动推广进行了介绍。第一章分析了我国生态文明教育的背景与发展现状，并阐述了培养生态文明领域创新人才的重要性，同时将国内外的生态文明教育进行了对比分析；第二章详细介绍了密云区在生态文明教育方面所积累的独特资源与优势；第三章聚焦于密云区生态文明教育活动资源点位的课程活动，通过案例展示如何将自然资源与社会实践相结合，设计出既富有教育意义又充满趣味性的课程活动；第四章以密云区各中小学学校为例，阐述了学校如何利用周边资源开展形式多样的生态文明教育活动，不仅能够提升学生的环保意识，也能够促进学校与社区的紧密联系与共同发展。本书旨在为青少年生态文明教育的实践者、研究者及广大师生提供一份全面、实用的资源指南，共同推动生态文明教育事业的蓬勃发展。

　　本书在写作过程中，密云区青少年宫副主任孔海燕做了总体的框架构建和各个章节内容的选择，协调人员进行分工撰写、整体把关等工作。北京教育科学研究院终身学习与可持续发展教育研究室主任张婧和孔海燕参与撰写第一章；密云区青少年宫科技教师景建英参与撰写第二章；密云区青少年宫科技教师彭秀伶参与撰写第三章；密云区体育美育卫生科陈辉和密云区研修学院刘书军参与撰写第四章和结语部分。

　　由于编写水平有限，本书难免存在疏漏，敬请读者不吝批评赐教。

编写组
2024 年 6 月

目 录

第一章　生态文明教育 ··· 1
第一节　我国生态文明教育 ··· 1
　　一、生态文明教育背景 ··· 1
　　二、生态文明教育发展现状 ··· 1
　　三、生态文明领域创新人才培养 ····································· 2
第二节　生态文明教育：从全球视野到地方实践 ······················· 2
　　一、国内生态文明教育资源利用现状 ································· 3
　　二、国外生态文明教育资源利用现状 ································· 3
　　三、国内外在生态文明教育资源利用上的差距 ························· 3
　　四、国内外生态文明教育对比的启示 ································· 4
　　五、生态文明建设的重要性与资源利用的关系 ························· 4
　　六、北京市密云区生态文明教育的地方实践 ··························· 4

第二章　北京市密云区生态文明教育活动资源 ··························· 5
第一节　密云区生态文明教育实践 ··································· 5
第二节　密云区生态文明教育资源概述 ······························· 6
第三节　密云区生态文明教育资源分类 ······························· 7
　　一、生物领域 ··· 7
　　二、农业领域 ··· 11
　　三、生态领域 ··· 17
　　四、科学技术领域 ··· 26
　　五、传统文化领域 ··· 30

第三章　北京市密云区生态文明教育活动资源课程活动 ··················· 39
第一节　特色活动课程设计 ··· 39
　　一、特色活动课程概述 ··· 39
　　二、特色活动课程介绍 ··· 39
第二节　生态文明教育课程体系 ····································· 67
　　一、课程体系概述 ··· 67
　　二、课程体系介绍 ··· 68

第三节　活动展望 ··· 78

第四章　北京市密云区生态文明教育活动推广 ······················· 80
　　第一节　密云区义务教育学校 ·· 80
　　第二节　课程活动推广 ··· 81
　　　　一、密云区资源利用 ·· 81
　　　　二、青少年宫宫内外协同合作 ··· 82

结语 ·· 98

参考文献 ··· 99

第一章 生态文明教育

第一节 我国生态文明教育

一、生态文明教育背景

党的二十大报告指出,要以中国式现代化全面推进中华民族伟大复兴,并强调"中国式现代化是人与自然和谐共生的现代化"。这一重要论述不仅是生态文明建设在全面建设社会主义现代化国家新征程的话语表达,而且丰富并拓展了中国式现代化的内涵与外延,开辟了马克思主义人与自然关系理论新境界,从根本上对生态文明教育提出了明确的战略诉求。生态文明教育是关系中华民族永续发展的长远大计,是促使生态文明建设不断迈上新台阶的重要保障。教育是人类文明传承与繁衍的力量源泉,是促进生态文明建设最直接和最根本的方式,在生态文明建设中具有前提性、基础性和全局性作用。生态文明教育是生态文明建设的基础性保障,是实现人与自然和谐共生的现代化的重要支撑,是中华民族伟大复兴和永续发展的重要力量。

生态文明教育源于人类对日益严重的生态危机的反思与自救。社会主义生态文明教育是基于生态文明建设需要和实现人类永续发展的美好愿景,坚持以马克思主义经典作家生态文明思想,特别是习近平生态文明思想为理论指导与根本遵循,贯彻落实党的教育方针,依据生态学原理,遵循教育教学规律,灌输生态文明思想,弘扬生态文化、倡导绿色发展观,培育公民的生态意识、生态责任、生态道德、生态能力,塑造稳定的公民生态情感与生态意志,提高全民生态文明素养、生态文明建设与生态治理能力的教育实践活动。生态文明教育的发展状况决定着人们在生态文明建设中的角色认知与价值判断,进而决定着生态文明建设质量与进程。

二、生态文明教育发展现状

生态文明教育是助力生态文明建设的有力支撑,中小学开展生态文明教育是构建生态文明社会的应有之义和基本要求。在中国式现代化独立自主探索的进程中,我国生态文明教育从无到有,不断深化发展,走出了一条具有中国特色的生态文明教育发展道路。从我国生态文明教育的历史发展来看,生态文明教育的每一次演进都是以理念革新为先导,而实践深化又为其理念革新提供了持续不断的发展动力。

北京作为全国文化中心,在全国生态文明建设中具有指向性和引领性的重要作用。作为思想和文明的重要阵地，需要进一步发挥首都各学校在思政教育、人才培养、服务社会等功能方面的重要作用。北京市生态文明教育在政策支持和校园建设方面取得了积极成果。北京市政府高度重视生态文明教育，出台了相关政策和规划，提出了生态文明教育的目标和要求。同时北京各校也积极响应，加大了校园环境建设和生态文明教育的力度，组织学校前往生态文明教育实践基地，开展相关的科研和实践活动。

需要强调的是，生态文明教育仅仅依赖课堂上的理论学习远远不够，在课堂学习完理论后，需要通过实践活动对所学习的理论进行验证，这样学生对于生态文明教育才会有更加深刻且全面的认识。学校可以将课堂当作理论学习的主战场，组织学生前往生态文明教育基地进行实践。社会调查和实践使得中小学生能够走出校园，亲近自然，唤醒学生内心关于保护生态环境、热爱大自然的意识，自觉保护人类赖以生存的生态家园。同时，学校还可以和相关企业联系，组织本校学生去企业学习和了解更加先进专业的知识。各年龄段学生可以在实践中学会用科学合理的手段去保护生态环境，维护生态文明，这同时也为将来有志往生态文明建设方向发展的学生做职业思想启蒙，对将来的职业规划有更清晰的认识。

三、生态文明领域创新人才培养

在全球化背景下，创新人才培养是我国应对国际竞争、实现科技自立自强的重要支撑。随着全球科技竞争的日益激烈，具备创新思维、高度专业素养和深厚实践经验的人才成为国家发展的重要战略资源。他们不仅能够在科技前沿领域取得突破，还能引领产业升级，推动经济社会发展。与此同时，在生态文明建设日益成为国家发展战略核心的今天，生态文明教育的重要性也日益凸显。随着人类对自然环境认识的不断加深，我们意识到人与自然和谐共生是可持续发展的必由之路。生态文明教育旨在培养人们的环保意识，倡导绿色、低碳、循环的生活方式，推动社会形成节约资源和保护环境的空间格局、产业结构、生产方式、生活方式。这不仅有助于缓解生态环境问题，还能提升人们的生活质量，实现经济社会与生态环境的协调发展。

因此，将生态文明教育与创新人才培养相结合，具有深远的战略意义。这不仅有助于培养具有环保意识、创新能力、实践能力的高素质人才，还能有效推动我国的生态文明建设，为实现绿色发展和可持续发展提供坚实的人才保障。

第二节　生态文明教育：从全球视野到地方实践

在深入探讨北京市密云区的生态文明教育资源之前，可以先从更宏观的视角审视生态文明教育的背景和发展现状。通过对比国内外生态文明教育的演进历程，我们能够更全面地理解生态文明建设的重要性，同时，认识到资源利用现状对生态文明教育的影响。

一、国内生态文明教育资源利用现状

课程资源：国内已将生态文明教育纳入各级学校的课程体系，通过地理、生物、化学等学科渗透环保知识，并开设专门的生态文明教育课程。然而，由于教育资源分配不均，一些地区的生态文明教育资源相对匮乏，师资力量和教学设施存在不足。

校园资源：国内校园普遍注重绿化美化工程，众多学校利用校园内的植物园、气象站等资源开展生态文明教育。同时，通过劳动教育等方式让学生在实践中体验生态文明建设的意义。然而，不同地区、不同学校之间的校园资源差异较大，影响了生态文明教育的普及和总体效果。

社会资源：国内通过植树节、世界环境日等节点开展生态文明教育活动，并依托国家级自然保护区、国家森林公园等自然资源建立生态文明教育基地。然而，这些活动和教育基地的覆盖范围有限，尚未形成全社会广泛参与的生态文明教育氛围。

线上资源：国内利用互联网和新媒体平台开发在线课程、教育游戏等生态文明教育资源，为学生提供多样化的学习途径。然而，这些线上资源的质量和数量参差不齐，需要进一步的完善和规范。

二、国外生态文明教育资源利用现状

课程资源：国外许多国家将环境教育作为一门跨学科的必修课程纳入国家课程体系，确保环境教育在国家课程中的地位。同时，课程设计中注重学生的亲身体验和实践，通过户外实践活动培养学生的环境意识。

社会资源：国外建立了专门的环保教育机构或组织，如免费环境大学、环保志愿者协会等，提供多种环保知识培训和实践活动。此外，还充分利用社区资源开展环保教育活动，鼓励居民参与环保行动。

自然资源：国外依托国家公园、自然保护区等自然资源开展户外教学活动，让学生亲身体验大自然的魅力，了解生态环保的重要性。同时，学校与环保组织合作开展诸多环保项目和研究，培养学生的科研能力和环保意识。

法律法规和政策支持：国外制定和完善了环境保护法律法规和政策支持体系，为生态文明教育提供坚实的法律保障和政策支持。通过经济手段激励企业和个人参与环保行动，形成全社会共同参与的生态文明教育氛围。

三、国内外在生态文明教育资源利用上的差距

教育资源分配不均：国内生态文明教育资源分配不均，一些地区和学校缺乏足够的师资力量和教学设施；国外在环保教育资源的分配上相对均衡，能够为学生提供更加丰富和优质的教育资源。

教育理念和实践差异：国内在生态文明教育方面注重知识传授和应试能力的培养；国外更加注重学生的亲身体验和实践能力的培养，通过户外实践活动等方式让学生亲身参与环保行动，培养学生的环保意识和行动能力。

社会参与度不同：国内目前对于生态文明教育的重视程度日益提升，但在此层面，其广度与深度相较于一些发达国家仍存在一定的差距，尚未形成全社会广泛参与的生态文明教育氛围。而国外一些国家通过制定并实施一系列强有力的法律法规以及出台各种形式的政策扶持措施，有效激励了企业和个人积极投身于各类环保行动之中。这些举措不仅极大地提升了公众的环保意识，更促使生态文明教育成为一项全社会共同参与、共同推进的伟大事业，形成了人人关心环保、人人参与生态文明建设的良好风尚。

四、国内外生态文明教育对比的启示

在全球范围内，生态文明教育已成为各国教育体系的重要组成部分。发达国家在生态文明教育方面起步较早，通过立法和政策手段保障环境教育的有效实施，形成了较为完善的课程体系和教育模式。这些发达国家的经验表明，生态文明教育不仅在于传授环保知识，更重要的是培养学生的环保意识和行动能力，使其成为生态文明建设的积极参与者。

相比之下，我国的生态文明教育虽起步稍晚，但发展迅速。随着国家对生态文明建设的重视程度不断提高，生态文明教育也逐渐融入国民教育体系。然而，与发达国家相比，我国在生态文明教育方面还存在一定的差距，尤其体现在课程设置、师资力量、教育资源等方面。这提示我们，在推广生态文明教育的过程中，需借鉴国际先进经验，并结合本国国情和地区特点，探索适合自身的发展道路。

五、生态文明建设的重要性与资源利用的关系

生态文明建设是关系中华民族永续发展的根本大计。在全球环境问题日益严重的背景下，加强生态文明建设对于维护生态平衡、促进可持续发展具有重要意义。资源利用现状是影响生态文明建设的关键因素之一。不合理的资源利用方式不仅会导致环境恶化，还会影响生态文明教育的实施效果。

因此，在推广生态文明教育的过程中，应注重培养学生的资源节约意识和环保意识。引导学生关注身边的环境问题，认识到资源的有限性和环境问题的紧迫性，从而激发他们参与生态文明建设的积极性和主动性。同时，还需加强资源利用方面的教育，让学生了解资源的循环利用和低碳生活的重要性，掌握节约资源的方法和技巧。

六、北京市密云区生态文明教育的地方实践

在深入了解了国内外生态文明教育的背景和发展现状以及生态文明建设的重要性与资源利用现状之后，我们将目光转向我国北京市密云区，这里拥有丰富的自然资源和人文资源，为生态文明教育提供了丰富的素材和案例。

接下来，我们将详细介绍北京市密云区在生态文明教育方面的具体做法和成效。通过剖析该地区的课程设置、师资力量、教育资源等方面的特点，我们将全面展示该地区在生态文明教育方面的优势和特色。同时，我们还可以从该地区的实践中汲取经验和启示，为其他地区推广生态文明教育提供借鉴和参考。

第二章　北京市密云区生态文明教育活动资源

第一节　密云区生态文明教育实践

密云区作为北京市的重要生态屏障，凭借其得天独厚的生态资源和自然环境，为开展生态文明教育提供了条件。这里的山水相依、森林茂密，为生态文明教育提供了生动的课堂和丰富的实践场所。

密云区位于北京市东北部，是国家生态区，是首批全国生态文明建设试点地区，是首都重要饮用水源基地和生态涵养区。其属燕山山地与华北平原交接地，全区东、北、西三面群山环绕、峰峦起伏，巍峨的古长城绵延在崇山峻岭之上；中部是碧波荡漾的密云水库，西南是洪积冲积平原，总地形为三面环山、中部低缓、西南开口的簸箕形。密云区生态环境优美山水兼备，自然地貌特征为"八山一水一分田"，山区面积占全区面积的4/5，水源保护区占全区面积的3/4。密云水库水体质量始终稳定保持在国家二类饮用水标准，五十年来的保水使密云全境成为净水、净气、净土的绿色田园。全区林木绿化率达75.3%，空气质量二级及以上的天数占比连续四年保持在73.7%以上，空气中负氧离子含量高于市区40倍，生态质量全市排名第一。

密云区青少年宫多年来始终致力于青少年教育的探索与创新，充分利用了密云区的生态资源，开展了一系列富有成效的教育活动，在资源利用和资源整合方面，不断拓展思路，深入挖掘，取得了丰硕的成果。教育的力量不仅来源于课堂，更来源于与社会的广泛连接和深度融合。因此，密云区青少年宫积极寻求与各类生态文明教育资源点的合作，为青少年搭建了一个更为广阔、生动的实践平台。在过去的一段时间，密云区青少年宫在多个资源点位进行了课程实践。这些资源点位各具特色，有的依托自然风光，有的是城市绿地的缩影，还有的则是现代农业的展示窗口。每一个点位都成了生态文明教育的生动案例和实践典范，通过实地考察、亲身体验，学生们能够深刻感受到大自然的魅力和生态保护的紧迫性，从而培养起他们对自然环境的敬畏之心和爱护之心。这些实践活动不仅让学生们增长了知识，更让他们学会了尊重自然、爱护环境，树立了正确的生态文明观念。

接下来，我们将以北京市密云区为例，深入探索并介绍其生态文明教育的实践活动，并对这些资源点位进行详细的介绍。在密云区开展生态文明教育，不仅对本区域的生态环境保护具有至关重要的意义，更为其他地区的生态文明建设提供了宝贵的经验和启示。

第二节　密云区生态文明教育资源概述

本书盘点并收录了位于北京市密云区的 42 个生态文明教育资源，这些点位遍布该区的不同区域，共同构成了一个全面而丰富的生态文明教育资源网络，展现了丰富的地域特色和深厚的生态文明内涵（图 2-1）。每一个生态文明教育资源点都是生态文明教育的生动案例和实践典范，其地理分布十分广泛。

图 2-1　密云区生态文明教育资源点位

当深入探索北京市密云区生态文明教育资源时，可以发现其内涵丰富，涵盖了多个重要的领域，具有多元化的教育功能。为了更全面地展示其教育功能和核心价值，我们将其细分为生物、农业、生态、科学技术及传统文化五大领域。

生物领域是密云区生态文明教育基地的核心之一。这个领域着重展示地球上生物的多样性和它们与环境的紧密联系。学生可以在这里近距离观察到各种珍稀动植物，了解它们的生态习性和栖息地需求，从而增强对自然生态系统的认识和尊重。此外，生物领域还设有互动体验区，让学生通过参与活动，如观鸟、昆虫观察等，更直观地感受生物多样性的魅力。

农业领域在基地中同样占据重要地位。这个领域展示了现代农业技术与传统农业文化的融合，以及绿色、有机农业的发展理念。学生可以通过参观现代化的农业设施，了解先进的种植技术和节水灌溉方法，同时还可以学习到传统农业的智慧和经验。

生态领域作为密云区生态文明教育基地的重要组成部分，通过深入自然生态系统，为游客们提供了与大自然亲密接触的机会。在这里，学生们可以深入了解湿地保护、森林恢复等关键性生态知识，感受到生态系统在自然界中的重要作用。除了实地参观和学习，生态领域还通过举办生态讲座和生态实践活动，进一步提高学生们的环保意识并倡导绿色生活方式。

科学技术领域则充分利用现代科技手段，展示环保科技、新能源技术和生态修复技术等前沿成果。学生可以在这里体验到虚拟现实、增强现实等互动技术，深入了解这些技术在生态环境保护中的应用。此外，基地还设有科技交流区，定期邀请专家学者和业界人士进行分享和交流，促进科技创新和成果转化。

传统文化领域是密云区生态文明教育基地不可或缺的一部分。这个领域展示了中华优秀传统文化的独特魅力和深刻内涵，以及传统文化与生态环境的和谐共生。学生可以参观传统建筑、体验传统手工艺等，感受到传统文化的魅力和力量。让学生在欣赏传统文化的同时，增强对生态文明建设的认同感和责任感。

这些生态文明教育资源点位的设立与运营，不仅丰富了密云区的生态文化景观，也为密云区乃至全国的生态文明建设提供了宝贵的资源与支持，能够为学生们提供一个全面了解生态文明建设的平台。它们以其独特的魅力与深厚的内涵，吸引学生们前来参观学习与交流，在这里，他们可以深刻认识到保护环境的重要性，学习到可持续发展的理念和方法，共同为建设美丽中国贡献智慧与力量。

第三节　密云区生态文明教育资源分类

一、生物领域

生态学作为研究生命现象及其与环境相互关系的科学，在生态文明教育中扮演着至关重要的角色。生态学原理揭示了生物与环境之间复杂而微妙的平衡关系，强调了生态系统的整体性和相互依存性。环境保护理念则在此基础上，倡导人类应尊重自然、顺应自然、保护自然，以实现人与自然的和谐共生。利用生物领域资源进行生态文明教育，不仅能够引导学生深入探索生命的奥秘，更能使他们深刻认识到生态环境的重要性。在学习过程中，学生将了解到生物多样性的价值、生态系统的功能与稳定性，以及人类活动对生态环境的影响。这些知识的积累能够有效提升学生的科学素养，更重要的是培养了他们的环保意识。因此，加强生物领域在生态文明教育中的作用，对于培养学生的生态意识和责任感具有深远的意义。

（一）柏神公园

位于密云区新城子镇的柏神公园屹立着一棵巨大的古柏，其高达25m，主干周长达9.3m，1990年，经北京市园林局专家鉴定，此柏已有近3000年树龄，是北京的"古柏之最"。因它的主干要9个人伸臂合围才能抱拢，其树冠由十八个大杈组成，所以得名"九搂十八杈"（图2-2）。2018年这棵千年古柏被评为北京"最美十大树王"之一。

"九搂十八杈"的树冠极大，遮阴的面积很广，故当地乡民称之为"天棚柏"；因它屹立在观音寺前，人们又称此柏为"护寺柏"，当地人都视此柏为"神柏"。在古柏的枝干上，都挂满了各色写有祈祷祝福的布条，象征着附近乡民都希望生活吉祥平安的愿景。如今，这棵北京最古老的柏树已经被定为国家一级保护古树。

图 2-2　北京古柏之最"九搂十八杈"

（二）绿人中医药文化教育基地

绿人中医药文化园位于密云区城西的西田各庄镇，园区占地 100 亩，园内种植 200 多种中草药，是市科委中医药文化科普体验厅、北京市中医药文化旅游示范建设基地、密云区中小学生社会大课堂资源单位（图 2-3）。园内对中医药文化设有五大课程体系。通过这五大课程体系，将生态文明教育与中医药文化紧密融合，为广大学生提供了一处富有教育意义和生态价值的实践场所，让他们认识到生态文明建设与人类健康的紧密联系以及保护自然环境、促进生态平衡的重要性。

图 2-3　绿人中医药文化园

（三）北京奥金达教育基地

北京奥金达教育基地位于北京市密云区水库北岸（图 2-4），课程以"三·M"（密云、蜜蜂、蜂蜜）为主题，为学生们提供社会实践教育服务，让更多的青少年群体接受系统教育之外的新鲜事物，促进青少年全面健康快乐成长。

图 2-4　北京奥金达教育基地

（四）欢乐松鼠谷教育基地

欢乐松鼠谷教育基地位于北京市密云区太师屯镇东田各庄村 101 国道旁，距离北京城区约 90km，占地 600 亩。森林植被茂盛，花草繁多。这里是阴生植被生长地，有诸多的珍稀花草，学生们可以在这里寻找植物物种，在大自然中学到植物课程（图 2-5）。欢乐松鼠谷是华北地区首家以松鼠为主题的亲子乐园。园区内有大约 2000 只松鼠，散养在群山之间，另有一部分是饲养在"松鼠大观园"的笼子里，以便学生们可以直观接触与互动喂食。松鼠谷沿途有很多的植物物种，景区都有标注说明，学生们可以在玩中学到知识，这里已经成为密云的社会教育大课堂基地，有众多学校也在这里组织学生学习课外知识。

图 2-5　欢乐松鼠谷

欢乐松鼠谷以园区松鼠乐园为主线，以动物喂养为主题，结合了水库历史文化、手工作画、松鼠养殖、喂孔雀等内容，推出精品的美育教育体验课程。旨在让学生们在体验劳动的同时，探索大自然的奥秘，体会可持续发展的重要性，感受人与自然的和谐。

（五）蜜蜂大世界教育基地

蜜蜂大世界（图2-6）面朝风景秀丽的密云水库，主楼上下共五层，建筑面积3800m²，其中包括生产车间、科普展厅、会议室、亚蜂联会议室、活动室。园区以"蜜蜂"为主题，在这里学生既可以探究蜜蜂本身的知识，也可以拓展了解蜜蜂与大自然、生态环境的关系。

图2-6　蜜蜂大世界

（六）流苏古树

在新城子镇的一个叫苏家峪的小村落，有一棵百年流苏树（图2-7）。每到4月底5月初的时候，流苏花开，初夏满树白花，如覆霜盖雪，清丽宜人，据村里的老人讲，流苏树在他们的长辈在时就已经生长在村里了，历时百年，均无改变。据上级部门的鉴定，此树为二级古树，树龄为200年以上。

图2-7　苏家峪百年古树"流苏"

这样的流苏树全北京市仅有两棵，另一棵在平谷，一棵在这——密云区新城子镇的苏家峪村。流苏树旁有一眼泉水，四季长流，终年不断，清冽甘甜，常有山外人到此取水，村人更是日日饮用。在当地还有一个赞誉流苏美景的顺口溜：雾灵山间观云雾，苏家峪里赏流苏，小树又飘四月雪，一夜银花开满树。

在生态文明教育的实践中，充分利用以上古树、蜜蜂、中草药等丰富的自然资源点位，作为培养学生对于动物、植物基本认识的重要载体，逐步引导他们形成深厚的生态保护观念。古树作为自然界的活化石，不仅见证了历史的变迁，而且承载着生态系统的丰富信息。组织学生走近古树，近距离观察古树的生长状态、树皮纹理、枝叶分布等特征，通过讲解古树的生态功能、保护意义以及面临的威胁，让学生深刻体会到保护古树就是保护我们共同的生态家园。同时，鼓励学生参与古树的监测与保护工作，如定期测量树围、记录生长情况，增强他们的实践能力和责任感。

蜜蜂作为生态系统中的重要传粉者，对于维持生物多样性具有不可替代的作用。通过在校园或周边地区设置蜜蜂观察箱，让学生近距离观察蜜蜂的生活习性、采蜜过程以及蜂群的组织结构；通过科普讲座、动手制作蜂蜜等活动，让学生了解蜜蜂对生态环境的重要性，激发他们保护动物、维护生态平衡的热情。

中草药作为中华民族的瑰宝，蕴含着丰富的生物多样性和药用价值。带领学生走进中草药园，认识各种中草药的形态特征、生长环境及药用功效。通过采摘、炮制、品鉴等实践活动，让学生亲身体验中草药的魅力，同时传授中草药可持续采摘和保护的知识，培养他们的生态保护意识。

通过这些具体措施的实施，不仅能够帮助学生建立对于动物、植物的基本认识，而且培养了他们的生态保护观念。学生们开始更加关注身边的生态环境，积极参与生态保护行动，为构建人与自然和谐共生的美好未来贡献自己的力量。

二、农业领域

农业作为经济发展的核心领域，不仅奠定了人类生存与发展的基础，更是国家繁荣与社会稳定的重要支柱。然而，随着全球环境问题的日益凸显，如气候变化、资源枯竭、生态退化等，农业发展正面临着前所未有的挑战。在此背景下，将生态文明教育融入农业领域，不仅成为推动农业可持续发展的关键路径，更是提升学生对生态环境保护认识和参与度的有效方式。农业资源点位的教育价值不仅在于传授知识，更在于激发学生的环保责任感和使命感。将生态文明教育与农业相关技术紧密结合，不仅能够提升学生的生态文明意识，还能够培养他们的实践能力和创新精神。

（一）北京奥仪凯源教育基地

北京奥仪凯源蔬菜种植专业合作社成立于 2009 年，是以农业技术咨询、技术服务，农产品及农副产品的科研开发、种植、销售为主的农业合作社。现拥有高标准日光温室 43 栋，主要种植各种草莓、西红柿等经济作物（图 2-8）。

图 2-8 北京奥仪凯源教育基地

奥仪凯源教育基地将农耕体验与土地文化认知相结合,是生态文明教育的一种有效途径。通过亲身体验和感悟,学生们将更加深入地了解农耕文化的内涵和价值,形成更加坚定的环保意识和责任感。

(二)康顺达生态园教育基地

康顺达生态园是北京康顺达农业科技有限公司旗下的现代都市休闲型农园,建成于 2009 年,位于北京市密云区西南,与顺义区、怀柔区毗邻,占地约 1000 亩(图 2-9)。这是一家集种植养殖、生态观光、休闲旅游、农业科普、研学教育于一体的现代化高科技农业企业。园区秉承劳动励心智,实践出真知的教育理念,以生态文明教育为主导,以现代农业为基石,将传统农业、现代农业和科技农业由浅入深融为一体,研发出 100 余课时课程,可同时开展 20 多项实践活动,可接待 600 余人。自 2017 年至今,该基地服

图 2-9 康顺达生态园教育基地

务幼儿园、中小学 60 余所，接待社会企业团体近百家，累积服务 20 多万人次。在这里不仅可以学到丰富的农业知识，更能深刻地认识到生态文明的重要性。现代化的设施、专业化的课程、精致化的服务，锻炼学生的动手能力和团队协作能力，让学生回归自然、亲近农耕、乐享生活，感受到人与自然的和谐共生。

（三）北京天葡庄园教育基地

天葡庄园始建于 2010 年，密云基地园区占地 300 亩。园区内由 400m² 科普馆、150m 葡萄文化长廊、800m² 地下酒窖、2400m² 智能温室构成，温室中包含了 20 余种甜香爽脆的葡萄品种，犹如进入了葡萄大观园，葡萄的品质符合国宴品质要求，荣获绿博会金奖（图 2-10）。天葡庄园围绕葡萄主题发展高效特色农业，打造融合发展的产业园。

图 2-10　北京天葡庄园教育基地

园区开展葡萄主题相关的教学讲解及体验活动，内容涵盖葡萄品种认识、红酒 DIY 制作、红酒文化体验、田园农事体验等田园与传统文化相结合的特色体验，让中小学生通过亲身实践深度了解农业，了解葡萄的来源和葡萄产业的延伸，努力打造精品教育实践基地。基地先后荣获北京国家现代农业科技城核心产业园、国家级星创天地、北京市科普基地、密云国际休闲生态产业科技园等称号。

（四）蔡家洼学生实践体验基地

蔡家洼学生实践体验基地坐落于密云区巨各庄镇蔡家洼村，占地面积约 2000 亩，集休闲观光、手工制作、采摘、销售、科普、徒步、骑行于一体的多功能玫瑰主题花园（图 2-11）。

蔡家洼示范园是蔡家洼村打造的都市型现代农业园，800 亩的温室大棚里种植了柚子、香蕉、杨桃、荔枝等多种水果、蔬菜和花卉，通过先进的技术和仪器，一年四季均可观赏、采摘农产品。其在传统农业的基础上，以打造良好的生态环境为出发点，大力发展精致农业、高效农业、精品林果业，培育绿色农业、有机农业，促进发展民俗旅游业。

图 2-11　蔡家洼学生实践体验基地

（五）极星农业科技园教育基地

极星农业科技园是北京市第一个拥有世界领先水平的现代化设施农业园区（图 2-12）。极星农业科技园能让学生实地走进现代农业生产园区，切身了解信息化大数据等科学技术在农业领域的应用。同时也可感受和体验传统的农耕文明。

图 2-12　极星农业科技园教育基地

园区主体为一栋 33000m² 的芬洛式玻璃连栋温室，内含 22000m² 番茄种植区、2000m² 育苗区以及 2000m² 水培生菜区。其兼具科普教育、农技培训、会展展示、农业科研、学生综合实践活动等功能。

（六）张裕爱斐堡青少年活动基地

北京张裕爱斐堡生态农庄位于北京市密云区巨各庄镇，由烟台张裕葡萄酒股份有限公司融合中、美、意、葡等多国资本，投资近 7 亿元，于 2007 年 6 月全力打造完成。

基地总占地1500余亩，其中建筑面积400亩，葡萄园1100余亩（图2-13），2013年由北京市教委批准为北京市中小学生社会大课堂资源单位。同时园区还被授予北京市科普教育基地、国家4A级旅游景区、全国休闲农业与乡村旅游五星级园区。目前是全国唯一一个以葡萄栽培为主题的五星级生态农业休闲园区。

图2-13　张裕爱斐堡青少年活动基地

张裕作为百年民族企业，身为行业龙头，肩负的社会责任和义务日益凸显。集团总部及公司领导高度重视社会教育、公益活动，提出了"感恩祖国，回馈社会"的重要思想。在各级领导部门的关心和帮助下，社会大课堂的启动正是回馈社会理念的极佳切入点。针对北京市中小学生社会大课堂实践活动的需要，本基地开发了一系列的实践活动课程，服务于中小学生社会大课堂和实践教学，提高学生的实践、创新能力，促进学生可持续发展。

（七）邑仕庄园

邑仕庄园占地面积1260亩，位于皇家园林的核心腹地，是一家集葡萄种植、葡萄酒生产酿造、旅游参观、销售于一体的酒庄（图2-14）。其背靠白龙山，前有凤凰岭，面向密云水库，与绿山净水深度组合，构成了"清山为体，碧水为魂"的独特景观。邑仕庄园在建造过程中，本着尊重自然，融于自然的理念，尽力保留了山体的自然风貌。庄园中主体建筑为十八世纪欧式城堡风格，并融入中国传统文化，体现出了中西文化的融合。庄园整体采用燕山山脉精选石材为主，辅以少量木艺、铁艺，浑然天成。形成了岩石酒窖、凭湖轩、邑仕城堡、邑仕广场、葡萄长廊等特色景点。酒庄的原生态岩石酒窖，选用燕山山脉花岗岩岩石建成，其负氧离子含量高，酒窖深藏山体之中，常年恒温恒湿（温度12～15℃，湿度在70%左右）。于物追求自然，与人和兴共赢。

图 2-14　邑仕庄园

（八）蜗牛小镇

密云区蜗牛小镇隶属于保合农业集团，是一家集种植、文旅、农贸于一体的农业基地（图 2-15），获得"绿色生产基地"称号和"四星级农业休闲园区"认证。与此同时，该地还是北京冬奥会、冬残奥会的服务保障单位。蜗牛小镇位于景色秀美的密云区北庄镇朱家湾村，北邻密云水库上游的清水河畔，地处国家二级水源保护区内。基地负氧离子含量高于市内 40 倍，森林覆盖率高达 82%，其占地面积 370 余亩，拥有果蔬大棚 126 座。

图 2-15　蜗牛小镇

蜗牛小镇提供了良好的农耕体验。小镇种有草莓、葡萄、西瓜、西红柿、黄瓜、芦笋、水果玉米等 80 余种果蔬作物，并配有新型的"鱼菜共生"农业模式。在园区内您可以体验春播、夏长、秋收、冬藏，感受大自然的美好，体验采摘的喜悦。

此外，小镇也特别适合进行野生鸟类观测。园区周边紧邻清水河畔，天然湿地环境吸引了天鹅、绿头鸭、鸳鸯、白鹭等 100 多种野生鸟类栖息，是观鸟爱好者的天堂。

作为农业生产与自然环境紧密相连的实地场所,农业资源教育点位蕴含着丰富的生态信息和教育价值。将生态文明教育融入农业资源点位,能够引导学生深刻认识到农业生产与生态环境之间的和谐共生关系。从广袤的农田到现代化的温室,每一处农业资源点位都是培养并增强学生生态文明意识的生动课堂。

在农场中,学生不仅可以亲眼目睹农作物的生长过程,感受生命的奇迹,还能深入了解农业相关技术的运用,如智能灌溉系统、精准施肥技术、生物防治方法等。通过实地考察和亲身体验,学生将了解到科学的农业耕作方式、先进的种植养殖技术以及高效的资源循环利用模式对于保护生态环境、实现农业可持续发展的重要性。同时,通过参与农业实践活动,如亲手操作智能农业设备、参与有机农作物的种植管理,学生将能够更加直观地感受到生态文明理念在农业生产中的实践应用。

三、生态领域

生态领域作为研究自然生态系统与人类活动相互关系的科学领域,其在生态文明教育中的作用不容忽视。生态领域的知识、方法和实践为生态文明教育提供了坚实的基础和丰富的资源,对于培养学生们的环保意识、推动绿色生活方式以及实现可持续发展具有重要意义。因此,我们应该充分利用生态领域的资源和优势,加强生态文明教育的推广和普及,引导学生树立正确的生态观和价值观,共同推动生态文明建设的进步和发展。

(一)长峪沟自然教育及森林疗养示范基地

长峪沟自然教育及森林疗养示范基地生物多样性丰富(图2-16),已知高等植物77科212属304种,其中北京市重点保护野生植物7种;已知野生脊索动物35科108种,其中鸟类80种;有已知昆虫74科196种。

图 2-16 长峪沟自然教育及森林疗养示范基地

（二）云蒙山景区

云蒙山景区位于北京市东北部，密云区西部的石城镇，距北京市东直门80km，距怀柔城区35km，距密云城区20km，是北京市著名的风景名胜区、国家森林公园和国家地质公园（图2-17）。云蒙山属燕山山脉，以美丽壮观的花岗岩地貌和独特的变质核杂岩构造为特色，主峰海拔1413m，形成时代距今已有1.13亿年。云蒙山集泰山之雄、华山之险、黄山之奇、峨眉之秀于一体，素有北方小黄山之称，是一座以峰、石、潭、瀑、云、松取胜，以雄、险、奇、秀、幽、旷见长的名山，自然风景十分优美。

图2-17　云蒙山

云蒙山自然生态环境禀赋优异，为典型的山地气候，夏季平均气温20～24℃。其森林覆盖率达90%，有天然氧吧之称，白桦林、黑桦林、落叶松林、紫椴林、蒙古栎林、枫杨林以及野生杜鹃、紫丁香、绣线菊覆满群山，形成"林海、云海、花海"三海奇观。

云蒙山景区集山水生态休闲、大自然游学于一体，拥有2.5km长的索道，山顶是观赏密云水库和长城遗址的最佳位置，是北京罕有的可以观山观水观长城、赏云赏瀑赏石松的京华胜境。云蒙山景区以其独特的自然景观和丰富的生态文明教育资源，成了一个理想的生态文明教育自然课堂。在这里，学生可以亲身感受大自然的魅力，学习生态文明知识，共同为保护地球家园贡献自己的力量。

（三）黑龙潭

黑龙潭景区位于密云区东北部，距北京城区80km。它毗邻北京市密云水库，总面积4km²，是一处以峡谷、幽潭为自然基底，同时又充满人文传说的秀丽山水（图2-18）。黑龙潭所处位置原为"鹿皮观水关"，景区入口处现留存地理碑文遗址，关口处长城据传为明隆庆年间戚继光驻蓟州时所督建。

图 2-18 黑龙潭

黑龙潭位于一条全长 4km，水位落差 220m 的峡谷里。南北两侧山峰海拔高度多在 300～500m，谷底海拔为 150～370m，谷内贯穿着三大瀑布、十八个龙潭，水位落差 220 多米，植被覆盖率达 80% 以上，其中森林覆盖率为 45%，具有新、奇、险等景观特色。潭瀑众多，从头到尾处处新颖。峡谷幽深，奇中有景，神秘莫测。

大自然的鬼斧神工，把这条峡谷雕琢的景中有奇，奇中有景，出人意料，神秘莫测。春花、秋月、平沙、落雁、曲、叠、沉、悬等十八个名潭似珍珠撒落在幽深的峡谷里，千姿百态，各领风骚，春看山花，夏赏潭瀑，秋观山谷，冬品冰雪，风景无与伦比。

（四）白龙潭

白龙潭风景区坐落在密云区太师屯境内，山灵水秀，峰多石怪，叠潭垂锦，松柏满坡（图 2-19）。十里道人溪夏滔滔、冬涓涓，步步横生野趣。八百亩风景林，桃杏花开报春，碧绿覆盖爽夏，玻璃红叶染秋，苍松瑞雪暖冬。这里，古松石上长，古刹石上修，古潭石上涌，古像石上刻。四殿十八亭合古建筑属宋、元、明、清历代几经修建而成。历代帝王将相、文人墨客，年年临此游览避暑，设有"行宫"，是北京往来承德避暑山庄必经之地。

（五）雾灵西峰

雾灵西峰风景区位于华北名山雾灵山西侧的新城子镇中部。隶属北京市密云区新城子镇遥桥峪村（图 2-20）。景区西、北、东为本村沙滩、山西自然村连接，南与坡头村、西南与太古石村接壤，地形南高北低，自南向北有五条自然沟合为一沟，呈"Y"字形。奇峰异石多姿，森林气息浓郁，自然景观引人入胜。

19

图 2-19　白龙潭

图 2-20　雾灵西峰风景区

雾灵西峰风景区占地面积约 20km², 海拔 1600m, 景区内奇峰异石多姿, 森林气息浓郁, 有湖泊、飞瀑、流泉、清潭等自然景观。有松杨椴榆楂之奇, 并伴有"雷劈石传说""哼哈二将石传说""好汉岭传说"等传说故事。景区内更有几十种中草药, 漫山遍野, 是一处天然的植物王国。良好的生态环境保持了丰富的野生植物资源。

（六）云峰山

云峰山位于北京市密云区不老屯镇燕落村北 3km 处, 距密云县城 60km（图 2-21）。云峰山古称朝卷山, 海拔 675m, 属于集风光和文物资源于一体的风景区。远观其峰如一簇玉笋突兀耸立, 拔地而起直冲云霄; 近看其峰险峻, 清俊幽谷; 登临山顶, 眺望南面的"燕山明珠"密云水库, 上下风光, 一碧万顷, 烟波浩渺, 环视东西两面, 山峦起伏, 群峰叠翠, 无不使人感到"青山不墨千秋画, 绿水无弦万古琴"的诗情画意。

图 2-21 云峰山

云峰山三步一景, 文物荟萃。北京地区最古老、规模最大的摩崖刻群就在此地, 建始于隋唐时期的"超胜庵"古刹, 深藏于云峰山中, 上千年的晨钟暮鼓, 上千年的香火鼎盛, 使云峰山闻名遐迩; 天人洞穴"朝阳洞"供奉着菩萨神像, 灰白色的花岗岩洞上, 巧夺天工地形成了一条青色巨龙, 令人叹为观止。

清代兵部尚书范承勋仰慕云峰山的优雅神奇, 到此游览时流连忘返, 触景生情, 欣然写下了《咏云峰十景》诗句, 成为云峰山美景的千古绝唱。

（七）清水河

北庄镇自然生态环境良好, 清水河在密云区水库上游（图 2-22）, 属潮河支流, 发源于河北省兴隆县雾灵山下, 分两条支流, 一条支流在雾灵山南侧, 从河北省兴隆县经密云区大城子镇流入北庄, 另一条支流在雾灵山的北侧经大、小黄岩河交汇于北庄。清水河流经密云区大城子、北庄、太师屯三个镇, 注入密云水库, 年均为密云水库输水

$1.2 \times 10^8 m^3$。清水河全长 61km，流域总面积 157km²。密云区境内 36.2km，北庄段长 14.6km。清澈的河水，丰美的水草，吸引了白鹭、灰鹤、天鹅等珍稀鸟类在不同季节栖息。

图 2-22　清水河

（八）潮白河

潮白河是中国海河水系五大河之一。上游有两支：潮河源于河北省丰宁县，向南流经古北口入密云水库（图 2-23）；白河源出河北省沽源县，沿途汇入黑河、汤河等支流，向东南流入密云水库。出库后，两河在密云区河槽村汇合始称潮白河。潮白河贯穿河北省、北京市、天津市三省市，河北省香河县以下为 1950 年开挖的潮白新河，至宁车沽闸入永定新河入海。全长 467km，流域面积 19354km²。潮白河是北京市重要水源之一，除通过京密引水渠流入北京市区外，潮河干渠是北京市东部的灌溉水源，有"北京莱茵河"之称。

图 2-23　潮白河

(九) 京都第一瀑

京都第一瀑位于北京密云区石城乡柳棵峪内，距北京103km，在黑龙潭北3km，是由云蒙山泉水汇集而成的，落差62.5m，坡度85°，是京郊流水量最大的瀑布（图2-24）。走进峡谷，未见瀑而先闻其声，水从悬崖直泻而下，云雾弥漫，远眺如玉柱擎天，雄伟壮观；近看银花四溅，犹如白雾向空中喷涌。阳光照射，呈现出七彩虹，旖旎如画，形成斑驳陆离的颜色。瀑下潭大而奇，深不可测，文人墨客咏诗赞叹："云蒙瀑乡绣色锦，飞流直下双白尺，京华瀑魁众叹服，嫦娥观止不归宫。"

图2-24　京都第一瀑

(十) 仙居谷自然风景区

仙居谷自然风景区古称万花山，位于密云区太师屯镇的安达木河畔，距北京市区约115km（图2-25）。景区依山傍水，群峰环绕，沟涧林荫蔽谷，常年溪水不断，潭瀑众多，雾气茫茫。从沟谷到山巅，不同季节先后成片地盛开着杜鹃、桃李、绣线菊、山樱桃、山菊花、映山红等各色野花，山花争艳，景色迷人。

最先看到的景区是高山湖泊——仙水湖。湖水随山势像一条透明的盘龙镶嵌在深山密林之中，给游客带来赏心悦目之感。沿湖边小道走过湖的尽头，是一个天然石洞，名曰"抗日洞"。往前走便是仙人池，传说这是仙人沐浴的地方。从这里右行是朝圣路线，三潭连瀑，天降溪流，从仙门潭到仙境天然形成路口，这里林木茂密，空气潮湿，不禁令人觉得幽静和神秘。三清宫就在这群山翠柏之中，道观始建于金，距今800多年，是京东唯一的道观，上香者长年不断。庙台上千年古柏，古色幽香，二柏连理枝是国家一类名胜古木，千年古柏，遮天蔽日，天赐绝景。

图 2-25　仙居谷自然风景区

（十一）捧河湾风景区

捧河湾风景区位于北京市密云区石城镇捧河岩村，坐落在白河大峡谷中，是一处集历史文化、自然生态、人文景观于一体的休闲度假旅游胜地（图 2-26）。白河大峡谷是从白河堡水库流向密云水库的河流大峡谷，与永定河官厅峡谷和拒马河峡谷并称"京都三大峡谷"。捧河湾景区景观丰富，有千尺瀑布（高 108m，北京地区最高瀑布）、白河大峡谷观景台（天池）、白云湖、三官洞、杏花潭、宝珠潭、洒珠潭、洗墨潭、金盆潭、洗墨潭、神龙探水、藏龙洞等，每一处景观都能勾起人们对大自然的向往。

图 2-26　捧河湾风景区

（十二）云岫谷自然风景区

云岫谷自然风景区海拔2116m，景区内植被覆盖率达95%，集危峰兀立、怪石嶙峋、洞穴、峡谷、河溪、潭瀑、花卉、森林于一体，野生动物众多，古堡、敌楼、烽火台、营城、水库等人文资源丰富，尤以水秀石红的地质现象和冰川漂砾奇石出奇（图2-27）。景区内山、石、洞、谷、河、潭错落有序，从串珠湖到传说中的七仙女下凡沐浴的七仙潭，自然景观达40余处。此外，还有刘伯温草庐、烽火台等人文景观。

图2-27　云岫谷自然风景区

云岫谷景区外围的雾灵湖始建于1984年，是一座中型人工湖，流域面积178km^2，库容量2×10^7m^3。它坐落于雾灵山脚下，山清水秀，空气清新，游雾灵湖、享生态度假、住民俗新村、体验风俗民情；乘船游雾灵湖，欣赏环山红叶。雾灵湖主坝既是华北唯一一座水泥钢筋结构的空心坝，也是休闲度假的好去处。

（十三）云龙涧自然风景区

云龙涧自然风景区地处云蒙山系南麓，是一条布满深潭、瀑布、奇峰、怪石、林海、长城的大峡谷。大小景观数百处，可谓"一步见三景，三景只一步"（图2-28）。景区由"深涧透云峡""登高好汉坡""幽林十八盘""怀古览胜景""奥运中国印摩崖石刻"，五大主题风景走廊构成，其景观随高度呈现变化，深邃莫测，到达山顶可以欣赏到密云水库的全景。

生态领域资源蕴含的知识、方法等为生态文明教育提供了坚实的理论支撑和丰富的教育资源，如郁郁葱葱的森林自然景区、潺潺流动的河流等，正是生态文明教育的天然课堂和生动教材。这些生态资源点位，展现了生态系统的复杂多样，更蕴含着生态文明建设的深刻内涵和实践智慧。

图 2-28　云龙涧自然风景区

通过亲身走进森林，学生们可以近距离观察动植物的生长繁衍，感受自然界的平衡与和谐；通过沿河探寻，学生们可以了解水资源的珍贵与脆弱，体会保护水环境的重要性。为了充分利用这些生态资源点位的独特优势，可以开展一系列丰富多彩的活动。例如，在森林自然景区，我们可以组织生态徒步、野生动植物观察、生态修复等实践活动，让学生们在亲近自然的过程中，深入了解生态系统的构成和运作机制；在河流边，我们可以开展水质监测、水生生物调查等活动，让学生们亲身体验保护水资源、维护水生态的重要性。在这个过程中引导学生们深入接触自然、了解生态，树立正确的生态观和价值观。

四、科学技术领域

科学技术领域作为推动社会进步的重要力量，在生态文明教育中发挥着至关重要的作用。在生态文明教育中，科学技术不仅提供了丰富的教育资源，还提供了解决问题的新思路和新途径。通过科学技术的学习和实践，学生们可以更加清晰地认识到环境问题的本质和根源，从而更加有效地进行环境保护和治理。因此，我们应该充分发挥科学技术在生态文明教育中的作用，加强科学技术与生态文明教育的融合，推动生态文明教育的深入发展。

（一）北京密云穆家峪通用机场教育基地

密云机场是华北地区首家 FBO 运营模式的通用机场，也是华北地区第九个通用机场，北京第四家通用机场（图 2-29）。机场总占地约 1100 亩，能够满足直升机及喷气机以下的小型固定翼飞机起降条件，主要由总部基地、候机楼、直升机 4S 展示中心、航油储备中心、会员机库和东西 800m 跑道构成。密云机场航空服务以北京为运营中心，飞行覆盖北京周边，华北及全国各地。机场发展至今已成为我国通航市场的主要通航机场之一，同时也是密云区社会大课堂资源单位、北京密云航空急救训练基地、低空旅游示范基地，是获得飞行培训资质最全的民用航空器驾驶员培训学校。

图 2-29　北京密云穆家峪通用机场教育基地

（二）蓝山文化园教育基地

蓝山文化园成立于 2020 年，占地约 33000m^2，建筑面积约 10000m^2（图 2-30）。园区按功能划分成劳动技能教育区、安全法治教育区、劳动生活体验区三种。园区内可同时容纳 1500 人活动，200 人住宿，以"不要让孩子的双手，将来只会拿鼠标和手机"的教育理念，让孩子在实践中成长，磨炼意志，培养良好生态文明观念。

图 2-30　蓝山文化园教育基地

教育基地通过六大课程体系和感知、知行和思想升华三个阶段，让学生动手实践、接受锻炼、培养学生正确生态文明价值观。感知阶段树立正确的生态文明观念；知行阶段具备劳动能力；思想升华阶段养成良好的环保习惯和品质。

（三）北京市密云区职业学校教育基地

北京市密云区职业学校始建于1983年，1992年被评为省市级重点中等职业学校，2006年被评为国家级重点中等职业学校，2011年被评为北京市现代化标志性学校，2014年被评为国家中等职业教育改革发展示范校（图2-31）。学校建有先进、一流的实训基地，拥有一支优秀的教师队伍，现为密云区中小学生综合实践活动课程资源单位。

图2-31　北京市密云区职业学校教育基地

学校充分挖掘校内资源，重点开发了农耕体验类、动手实践类和职业体验类课程供中小学生进行生态文明教育。

（四）北京国际青年营教育基地

北京国际青年营密云营地位于密云区穆家峪镇阁老峪村，于2013年7月开营，2015年授予北京市第五批社会大课堂资源单位（图2-32）。营地分为管理服务区、露营区、活动体验区、主题教室四大区域，营地所在的阁老峪村是北京社会主义新农村建设的代表之一，这里不仅有着优美的自然风光和丰富的农业资源，还蕴含着深厚的乡村文化和生态文明理念。营地充分利用这些资源，将生态文明教育融入青少年的日常活动中，让他们在实践中体验、学习和成长。

北京国际青年营密云营地以"社会主义核心价值观"及"核心素养"为依托，综合营地及阁老峪村的独特特质，成为面向广大青少年进行"双核教育"活动，这些活动旨在培养青少年的生态文明意识，提高他们的环保素养。

图 2-32　北京国际青年营教育基地

（五）密云水库

密云水库作为华北地区第一大水库，不仅在水资源调配、防洪抗旱等方面发挥着重要作用，同时也是一个生动的生态文明教育基地（图2-33）。其位于北京市东北部、密云区中部，西南距北京城 70km 左右，距密云区 12km 左右，优越的地理位置和丰富的自然资源为生态文明教育提供了得天独厚的条件。该水库坐落在潮白河中游偏下，系拦蓄白河、潮河之水而成，库区跨越两河。水库最高水位水面面积达到 $188km^2$，水面137000亩，水深 40~60m，分白河、潮河、内湖三个库区，最大库容量为 $4.375×10^9m^3$，相当于 67 个十三陵水库或 150 个昆明湖。环湖公路 110km，为游客提供了欣赏水库美景的绝佳机会。同时，这也为生态文明教育提供了丰富的实践场所。学生们可以沿着环湖公路漫步，感受水库的浩渺与壮美，了解水库在生态环境保护中的作用。

图 2-33　密云水库

科学技术领域与生态文明教育的相结合，为培养具有环保意识和科技素养的新一代青年提供了广阔的平台。为了充分发挥科学技术在生态文明教育中的作用，可以将科学技术的最新成果和环保理念融入课程内容，通过案例向学生们展示科学技术在解决环境问题中的巨大潜力。同时，组织实验课程，让学生们亲手操作科学实验，如空气监测、水体净化等，通过实践加深对环境问题的理解。加强科学技术与生态文明教育的融合，推动生态文明教育的深入发展。让学生们在学习和实践的过程中，不断提升环保意识和科技素养。

五、传统文化领域

传统文化领域教育在生态文明教育中发挥着重要作用。传统文化作为民族智慧的结晶和历史的见证，不仅承载着深厚的文化底蕴，更蕴含着丰富的生态智慧。传统文化中蕴含着丰富的生态智慧，如"天人合一""道法自然"等思想，强调人与自然的和谐共生。这些思想为现代生态文明教育提供了宝贵的思想基础，引导人们尊重自然、顺应自然、保护自然。通过对传统文化的学习，学生们可以更加深刻地理解生态文明建设的内涵和意义，增强环保意识和责任感。我们应该深入挖掘和传承传统文化中的生态智慧和价值观，丰富生态文明教育的内容和形式，促进生态文明教育的深入发展。

（一）北京传统插花博物馆教育基地

北京传统插花博物馆是全国第一家以传统插花为主题的博物馆，也是以传承中华优秀传统文化，倡导劳艺结合、实践育人的社会实践教学中心（图2-34）。场馆占地约3000m²，环境优美，设备齐全，能满足多种功能活动需求。中心秉承"体验劳动之乐，畅享艺术之美"的教育理念，这一理念完美融合了生态文明教育的核心思想。以实践教

图2-34　北京传统插花博物馆

育为主导，以传统插花艺术为特色，将劳动实践、艺术创作融于一体，开发多种丰富多彩的课程。将传统插花艺术与生态文明教育相结合，使学生在艺术熏陶中提升对生态环境的认知和责任感，让他们在实践中深刻体会到生态文明的重要性，深刻理解到人与自然的和谐共生之道。

（二）司马台长城

司马台长城始建于明朝洪武初年（公元1373年），是在北朝北齐长城的基础上修筑的，属明代"九镇"中蓟镇古北路所辖（图2-35）。明万历年间，蓟镇总兵戚继光和总督谭纶率兵进行了重点整修，极大地完善了防御体系。现今司马台长城辖于北京市密云区东北部的古北口镇，距北京120km，属燕山山脉。它东起望京楼，西至后川口，全长5.7km，敌楼35座（包括已毁水中楼一座），是万里长城中敌楼比较稠密的一段，其两敌楼距离最近的只有60m，最远的不过350m，一般都在100~200m。司马台长城山势陡峭，地势险峻，工程浩大，虎踞龙盘，气势非凡，且整段长城构思精巧，设计奇特，结构新颖，造型迥异，堪称万里长城中的精华。

图2-35　司马台长城

将长城与生态文明教育相结合，不仅可以传承和弘扬中华民族的优秀传统文化，还能在年轻一代中树立生态保护的意识。长城的建造和保护本身就蕴含着深厚的生态文明思想。在建造长城时，古人充分考虑了地形、地貌、气候等自然因素，合理利用了各方面的自然资源，展现了人类与自然和谐共生的智慧。而现代对长城的保护和修复工作，更是强调了在尊重自然、保护生态的前提下进行，这些实践经验都是生态文明教育的重要内容。将长城与生态文明教育相结合，不仅可以丰富生态文明教育的内容和形式，还可以让人们在欣赏长城美景的同时学习到生态保护的知识和理念，从而在全社会范围内推动生态文明教育建设的进程。

（三）黄岩口长城

黄岩口长城，明朝永乐年间筑城，因设关口派兵驻守，得名大黄岩口关（图2-36）。黄岩口长城于2014年复修完工，基本保持了原始长城苍凉雄浑的风格。此段长城长度约2km，有3个城垛，坡度很大，顺着山势腾跃，夕阳余晖中，裸露的城砖诉说着遥远的过去。长城脚下半山腰中，有一古树，名"槲栎"树，据说已有500多年历史，枝繁叶茂，披拂参天，与山上长城呼应相守。

图 2-36　黄岩口长城

（四）泉水河长城

泉水河长城位于北沟村，是全国唯一的"V"字形长城（图2-37），其修建于明朝洪武年间，长城自北向南，似一条长龙忽起忽伏，姿态雄伟。从北边越过泉水河口、家堂沟口、小关门口，爬上峭壁，又飞下悬崖，渡过清水河，直上王小庙山顶主峰，然后向着安营寨口、黄门子路南去，一座座敌楼像连珠一样矗立在这段"长龙"的脊背上。长城在被称为"五十一蹬"的地方向北转，沿着近乎90°直角的山凹处，古代的工匠们修建了整齐的长城垛口。无论远观近看，皆为胜利者"V"字形的手势造型，这"V"字形背后也存在着无以计数的狼烟战火。长城城墙上到处都可以找到各种字样的文字砖，只要仔细观察，如"万历十年沈阳营秋防中部造""河间营""河间营造""河间"等字样，砖上的字模之多，是其他长城所罕见。

图 2-37 泉水河长城

长城脚下的泉水河村拥有一眼常年畅流不息的泉眼，其水质清澈甘甜，大雨不涨，大旱不涸，与清水河汇合西流。

（五）蟠龙山长城

中国长城遗迹中战争发生次数最多的就在蟠龙山长城（图 2-38）。因为古北口发生的战争在中国有历史记载的是最多的，而古北口战争的发生又是以蟠龙山长城为主要争夺战场的。这蟠龙山长城低矮，易攻难守。在全长 15km 的长城上密布着 84 座敌楼，将军楼和二十四眼楼是这段长城的建筑精华。长城相对高度约 150m，可登攀的长城长度约 5km。蟠龙山长城脚下建房时挖掘出古时砖窑。蟠龙山长城为明长城，砖石结构，有多处长城砖石脱落，露出夯土。经推断，蟠龙山长城有可能是经过多年长城修固和加宽的多年代长城组合，可能包括明长城和齐长城组合。

将军楼地处蟠龙山长城的制高点，居指挥地位，是最著名的烽火台结构，有 22 个门洞，是设置指挥机关的地方，楼呈正方形，宽约 10m；南北各有 4 个箭窗；东西各有 3 个箭窗；有东、西、南、北 4 个门。烽火台上是穹隆顶，顶上四周是垛口，在长城敌楼中较为少见、气势宏伟且保持原貌的多门洞。

二十四眼楼是蟠龙山长城东面最后一座敌楼，战争中与著名的将军楼相呼应。位于高山箭沟脑的山顶长城上，有上下 3 层，一、二层四周各有 3 个箭窗，顶层周围是垛口。二十四眼楼有 24 个瞭望孔，是长城建筑史上不多见的珍品。这段长城的城墙独具特色，有土墙、石墙、砖墙等不同风格。

图 2-38　蟠龙山长城

（六）黑山寺民俗村

黑山寺民俗村属密云区溪翁庄镇辖村（图 2-39）。位于密云区西北部，北依云蒙山，东靠密云水库，南傍龚庄子村，西临白道峪村。全村占地面积 3.27km^2，属半山区低丘陵带。据资料记载，早在辽金时期，黑山西侧就建有较大寺庙，因名黑山寺，此地清末发展成村，村因寺而得名。村西北 2km 处有明代永乐中期所建驻兵城堡遗址。2019 年 12 月 25 日，黑山寺民俗村被评为国家森林乡村。

图 2-39　黑山寺民俗村

（七）尖岩民俗村

尖岩民俗村属密云区溪翁庄镇辖村（图2-40）。其位于溪翁庄镇域西北部，东临东营子，南至北白岩，西毗黑山寺，北起石城镇梨树沟。地处浅山丘陵，地势北高南低，村落呈长方形。在修建密云水库以前，尖岩村的旧址，一出北庄头，距村一公里处，顺着大白河，南北走向的东侧，有一道悬崖峭壁，向北一直延伸到开封峪附近。在悬崖高处，有一排非常明显的尖状岩石犬牙交错，据《密云县志》记载，清乾隆年间曾称这个村子为尖崖庄。若干年以前的老一辈人称为"尖嵝"，后来，人们逐渐习惯于将读音念成尖岩。原村址位于白河西岸，因山得名，明代成村，尖岩村有耕地754亩，主产玉米、小麦、谷子等农作物和栗子、核桃、苹果、梨等水果作物。近年来，村党支部依托栗子生产，创新推出"栗子宴"一村一品特色美食。

图2-40　尖岩民俗村

（八）北白岩民俗村

北白岩民俗村属密云区溪翁庄镇辖村（图2-41）。其位于溪翁庄镇域西北部，位于密云水库环湖西路，北至五座楼林场，东至七孔桥，南至龚庄子、坟庄，西至小石尖、白道峪。全村占地面积10.4km^2，村内及村北均有明代永乐年间所建的城堡遗址，小学校园内有清代古柏颂石碣。北白岩村紧邻密云水库，守着密云水库，新鲜肥美的鱼儿就是村民最宝贵的资源。但是水库周边吃鱼的地方太多了，传统的做鱼方法已经难以满足大家日益养刁的胃口，所以村民们大胆创新，将新鲜鱼肉和进面里，制作出特色鱼面春饼，掺入了鱼肉的春饼不仅味道鲜美，口感也十分筋道。村民们又用胡萝卜、菠菜、紫甘蓝等纯天然蔬菜榨汁和面，制作出绿、橙、紫、白四色面饼，绿色代表春天、紫色代表夏天、橙色代表秋天、白色代表冬天，故名"四季鱼面春饼"。

图 2-41　北白岩民俗村

（九）河西民俗村

古北口镇河西村原名柳林营，于公元前 127 年武帝元朔二年建驻军城，经过 680 年由城演变为村落，至今已有 2100 多年，村内有 7 个民族，134 个姓氏，成为中国百家姓村第一村（图 2-42）。河西村北枕卧虎山、南襟青龙山，一曲潮河碧水绕，在村域 6km²

图 2-42　河西民俗村

的范围内，北齐长城、明长城，更有长城历史上罕见的姊妹楼长城，跨度最长的水关长城绵延于村北的卧虎山上，清代在此设置提督衙门，现存七郎坟、吕祖庙、清真寺等众多历史古迹以及段家大院、鲜家大院等多处古民居，将这里装扮得既威武雄伟，又古朴典雅。村内还流传着一种独特语言，被称为"半拉子话"的"露八分"，是中国少有的民间用语。

河西村是北京市民俗旅游村，目前已经形成112户民俗户。近年来，被评为全国平安家庭创建先进示范村、首都平安示范村、北京郊区生态文明村、北京市平安家庭优秀示范点、北京市卫生村、北京市体育先进村、北京市健康促进示范村、北京市第三批传统村落等。2019年中国美丽休闲乡村的村庄名单进行了公示，古北口镇河西村上榜，同年，还被评选为"第三批中国少数民族特色村寨"。

（十）古北水镇

古北水镇位于北京市密云区古北口镇司马台村，因位于古北口附近又有江南水乡乌镇风格而得名，总面积9km²（图2-43）。古北口自古以雄险著称，有着优越的军事地理位置，《密云县志》上描述古北口"京师北控边塞，顺天所属以松亭、古北口、居庸三关为总要，而古北为尤冲"。古北口以其独特的军事文化吸引了无数文人雅士，苏辙、刘敞、纳兰性德等文辞大家在此留下了许多名文佳句，更有康熙、乾隆皇帝多次赞颂，以"地扼襟喉趋溯漠，天留锁钥枕雄关"来称颂它地势的险峻与重要。

图2-43 古北水镇

古北水镇是在原有的3个自然村落基础上修建而成的，力求通过对当地历史、民俗等文化的深入挖掘，再现历史记忆。如今，古北水镇依托司马台遗留的历史文化，进行深度发掘，将9km²的度假区整体规划为"六区三谷"，分别为老营区、民国街区、水街风情区、卧龙堡民俗文化区、汤河古寨区、民宿餐饮区"六区"与后川禅谷、伊甸谷、云峰翠谷"三谷"。

　　传统文化中蕴含着丰富的生态智慧和价值观，通过学习传统文化，学生们可以更加深刻地理解生态文明建设的内涵和意义，认识到人与自然和谐共生的重要性。为了深入挖掘和传承这些生态智慧，应将传统文化的精髓融入生态文明教育之中，丰富教育的内容和形式。例如，可以组织学生们深入村庄，亲身体验农耕文化，了解如何顺应自然规律，利用自然资源实现人与自然的和谐共处。同时，还可以带领学生们走上长城，感受这一伟大工程背后的生态理念。长城的修建充分考虑了地形、地貌、气候等自然因素，体现了古人对自然的敬畏和尊重，为今天的生态文明建设提供了宝贵的启示。

　　将传统文化融入生态文明教育，不仅可以让学生们亲身体验到传统文化的魅力，更能培养他们的文化自信和生态意识，使他们更加珍惜自然资源，更加积极地参与到生态文明建设的实践中。这样的教育方式既丰富了生态文明教育的内涵，也拓展了教育的外延，为生态文明教育的深入发展注入了新的活力。

　　本章内容围绕北京市密云区的生态文明教育资源展开了全面的阐述，分别详细系统地介绍了密云区在生物、农业、生态、科学技术以及传统文化这五大领域所蕴含的丰富生态文明教育资源，还对各领域应如何与生态文明教育进行有机结合进行了简明扼要的阐述。针对不同领域的特点和教育目标提出了相应的实践活动形式，为教育工作者在实际教学中如何运用这些资源提供了初步的思路和方向。接下来，我们将聚焦于一些具有代表性的资源点位，深入介绍它们所开设的特色课程。通过对这些特色课程的介绍，旨在为广大教育工作者提供可借鉴的经验和范例，帮助他们更好地将生态文明教育融入教学中，推动生态文明教育的发展。

第三章　北京市密云区生态文明教育活动资源课程活动

第一节　特色活动课程设计

一、特色活动课程概述

在追求人与自然和谐共生的时代背景下，和探索生态文明教育的道路上，密云区青少年宫始终致力于寻找与当地特色资源和教育目标紧密结合的教育方法。为了更好地引导学生关注环境问题，培养他们的环保意识和实践能力，生态文明教育基地在课程设计方面不断探索创新，力求将当地特色资源与教育目标相结合，打造出既富有创意又具实用性的活动课程。

以下是部分为生态文明教育基地精心设计的生态文明教育特色活动课程的案例，这些案例不仅充分展示了生态文明教育基地的创新思维和实践能力，更通过富有创意和实用性的活动设计激发学生对生态文明的兴趣和热情。这些案例充分展示了生态文明教育基地如何深入挖掘当地自然资源、历史文化和生态环境的特点，并将其融入课程设计中，以生动有趣的方式向学生传达生态文明的理念和知识。通过实践体验、观察探究等多样化的教学手段，这些课程不仅激发了学生对生态文明的兴趣和热情，还让他们在实践中学习到保护环境的方法和技能，从而真正将环保理念内化于心、外化于行。

通过展示这些精心设计的活动课程，我们希望能够为其他生态文明教育基地提供有益的借鉴和启示，共同推动生态文明教育事业的蓬勃发展。同时，这也为学生提供了一个了解和学习生态文明知识的宝贵平台，我们期待通过这些富有创意和实用性的课程设计，让更多的学生能够通过参与这些活动课程，深入了解生态文明的重要性，培养他们的环保意识和实践能力，积极投身到环保事业中，为推动我国生态文明建设的持续发展贡献自己的力量。

二、特色活动课程介绍

（一）弘扬水库精神，助力农民致富

密云水库闻名天下，号称华北地区最大的水利工程，有"华北明珠"之誉。为保护这盆净水，密云限制在库区开发工业和旅游，下马、关停了50多个大的工业和旅游项目，实行禁耕禁养，"宜林则林、宜果则果"，采用以虫、以菌、以鸟治虫等多种生物防治技术，最大限度地消除污染源。高岭镇坐落在水库上游，蜜源植物丰富，无污染，为了生存与发展，致力于发展养蜂业，北京奥金达蜂产品合作社是带领当地增收致富的企业代表。

一、问题的提出

（1）密云人民建设和保护密云水库做出了怎样的贡献？你怎样理解水库精神？

（2）为了保水，密云实行禁耕禁养政策，为什么可以养蜜蜂？

（3）实现农民增收致富，你认为还有什么更有效的办法？

二、研究目标

（1）通过了解蜜蜂的酿蜜过程及蜜蜂对环境的影响（植物多样性对密云水库的保护作用），认识蜜蜂精神。

（2）通过参观蜜蜂实物、标本，品鉴蜂产品，操作养蜂工具，锻炼学生的观察、分析和动手能力，培养学生统筹思维、延深演绎、数据推理的科学思维方法。

（3）通过密云水库修建、移民、保水等内容的学习体验，使学生进一步理解水库精神，树立绿水青山就是金山银山的理念，从而践行生态文明思想。

三、研究方法

1. 实地观察法

通过实地走访奥金达蜜蜂养殖基地、祥和源樱桃产业基地（蜜蜂授粉）和蜂蜜加工车间，观察蜜蜂生存状态（周围环境）、饲养方法及蜂蜜灌装流程。

2. 文献查阅法

通过文献查阅（杂志、论文、县志等）、专家介绍，了解蜂产品的品类、国内地域分布及蜜蜂在授粉中的实际应用和国内外发展现状。

3. 探究实践法

通过现场观察、情景再现、角色扮演的方式，体验蜜蜂酿蜜的不易、水库修建的艰难、保水护水的重要。

四、研究方案的设计与实施

1. 情境导入

通过习近平总书记给建设和守护密云水库的乡亲们回信，引出本次研学活动，并明确本次研学活动的主题"弘扬水库精神助力乡村振兴"。

2. 获取信息

（1）由具有蜂学的专业老师讲解蜜蜂生物学习性、蜂产品营养、蜜蜂授粉与环境的关系，学生通过视频、图文、模型、标本等系统了解相关知识。

（2）由相关老师介绍密云水库的修建、密云水库的价值、水资源的保护等相关知识，并重点从蜜蜂精神升华到密云水库精神，从而突出本次活动的主题。

3. 实践体验

教师提出针对性的问题（问题涉及生物学、地理等），让学生带着问题，进行实践体验。

通过蜜蜂养殖基地和加工车间的实地参观，蜜蜂实物、标本等现场观摩等，亲身体验如何品鉴蜂产品、如何操作养蜂工具。

通过4D观影、沙盘观察等体验库区移民、水库修建等历史场景以及如何实现保水富民、促进生态优化的实际做法。

通过不同角色扮演的方式，组织学生围绕设计好的主题创编情景剧。

4. 展示交流建议

展示各组创编的情景剧，让学生从不同视角体验小蜜蜂的辛勤劳作、密云水库修建的艰难困苦、密云水库人民的无私奉献，从而进一步突出本次活动的主题。

五、研究成果建议

通过研学对"如何保水护水"和"如何践行生态文明思想"提出合理化建议，对当地养殖蜜蜂发展经济，以提案的形式为当地农民增收致富出谋划策。

（二）草莓王国的奇妙探险

奥仪青源草莓嘉科普馆，隶属于北京奥仪凯源蔬菜种植专业合作社，位于北京市密云区冶仙塔旅游风景区东南侧，总占地约1000m^2的科学性与趣味性兼备、新颖性与普及性并存、观赏性与互动性俱佳的"草莓王国科普体验展馆"。

受益密云水库"保水"计划，利用自然生态环境、水质等资源，为密云农作物的种植环境，走出了绿色发展之路。其中绿色草莓以营造"草莓王国"的格局，自然的生态塑造手段，建设科学性与趣味性相结合，体现科学性、艺术性和可参与性，形象直观，生动有趣，打造青少年农业教育基地，就让我们一起来探索"草莓王国"的多样化吧。

一、问题的提出

（1）草莓从开花到结果的生长过程有哪些？每一时期是什么样子？

（2）温室大棚种植草莓需要怎样的环境？

（3）草莓有哪些营养价值？

二、研究目标

（1）通过VR科技展示，认识并了解大棚草莓的生长过程、种植技术，提高对基本农业知识的认识。

（2）参观草莓种植大棚，通过农业技术人员的科普讲解和实地近距离观察草莓，让学生们通过"土地"了解农业作物，并宣传绿色种植理念，提倡对环境的保护重要性。

（3）实操栽种草莓，培养学生们的实践动手能力，体会农业人员种植的辛苦，并提倡珍惜粮食的理念。

三、研究方法

1. 讲授法

通过农业技术人员讲解及观看草莓VR投影，让学生们了解温室大棚草莓的生长过程，认识农产物的种植技术。

2. 文献研究法

通过上网搜索、书籍查阅，进行小组交流分享，深入了解草莓的营养价值，以及这里种植的草莓好吃的原因。

3. 走访观察法

参观草莓温室大棚的科技种植设施、管理方法，观察草莓的生长环境、土壤状态，拓展了解草莓的养殖方法。

四、研究方案的设计与实施

1. 回顾问题

进入考察。

（1）提出问题：草莓从开花到结果的生长过程有哪些？每一时期是什么样子？

（2）解决问题：运用VR虚拟现实技术，体验虚拟的草莓世界，让学生们深刻感知草莓育苗—栽种—开花—结果这些阶段，了解"草莓一生"的生长过程，客观地认识草莓生长过程。

2. 实践考察

温室大棚种植草莓需要怎样的环境？

带领学生们来到草莓温室大棚，近距离观察草莓的形态和生长环境，让学生可以沉浸到草莓环境中，更真切地感受温室草莓生长环境。

由技术人员为学生们讲解温室草莓栽培环境需求，了解温室草莓最适温度为20～25℃。定植前需优质有机肥料作为基础底肥，在草莓花开30天左右，果实颜色变为红色。同时介绍草莓的日常管理，包括浇水、施肥、修枝、疏果等操作。

3. 查阅资料

草莓被称为水果皇后，都富含哪些营养价值？

学生们通过上网搜索、书籍翻看，相互讨论，了解草莓含有丰富维生素以及钙、磷、铁、钾、锌、铬等人体必需的矿物质和部分微量元素，有着健脾养胃、美容养颜等功效。

4. 总结阶段

通过本次活动，围绕"草莓"为主题，使学生更深入地了解密云的生态环境和农作物种植，拓展了学生们对农作物的认识，提升了其对自然生态环境的保护意识，鞭策学生能够在研学过程中积极思考、努力学习，并学会自我理解。

五、研究成果建议

草莓作为一种常见的水果，因其口感佳、营养高被人们所喜爱，但运输、保存始终是每个家庭遇到的难题，通过研学，学生探索了家庭如何储存草莓的方法，以及各类水果的储存方式。

（三）天葡庄园"农产品安全与环境保护"课程

天葡庄园始建于2010年，密云基地园区占地300亩。根据密云区打造"绿色国际休闲之都"的战略，天葡庄园的定位是"中国葡萄主题休闲农业第一品牌"。目标是发展高效特色农业，打造国际顶级的休闲农业产业园。目前已经被评为国家高新技术企业、北京国家现代农业科技城核心产业园、密云国际休闲生态产业科技园、国家级星创天地、全国五星级休闲农业园区、北京农业好品牌、北京市星创天地、北京市五星级休闲农业园区、密云区科普基地、密云区社会大课堂资源单位、密云区巾帼休闲农业示范基地、妇女儿童之家、女大学生创业导师单位。

庄园依托国家农、林科学院的研发优势及技术支持，天葡庄园进行优质、安全、高端的鲜食葡萄、酿酒葡萄种植及种苗培育，按照绿色标准对种植产品进行安全管控，并严格保育土地和周边的生态环境，为生产安全放心的农产品打好基础。始终以"坚守良心品质，提升国人健康，引领休闲农业，助推中国梦"为使命，以生产、生态、生活三位一体为企业理念，以产业发展推动城乡互动，助力乡村振兴，让更多人享受高品质田园生活，感受生产美、生态美、生活美。

一、问题的提出

（1）农产品无公害标准、绿色标准、有机标准分别是什么内容？国际上农产品安全标准有哪些？

（2）生产安全农产品的重要基础条件是什么？

（3）农业生产和环境保护之间的关系如何平衡处理？

（4）通过何种渠道可以找到放心安全的食物？

二、研究目标

（1）通过实地参观绿色标准基地生产的要求和方式，了解食品的安全等级的内容及其重要性。

（2）认知一般农品和安全农产品生产方式对于环境保护的不同影响。

（3）通过参观、品鉴、文献查阅、对比分析，锻炼学生的观察和思考能力，培养学生综合、归纳与演绎的科学思维方法。

三、研究方法

1. 走访观察法

参观天葡庄园葡萄种植设施、品种、管理方法。观察葡萄的生长环境、土壤状态。

2. 文献查阅法

通过文献查阅、专家介绍，了解农产品的安全标准、目前国内的食品安全状况、农业生产的农田环境和生态环境。对比了解国外相关安全标准的制定依据。

3. 探究实践法

为合格的安全农产品设计创意化认证标识、宣传海报，制定宣传方案。

四、研究方案的设计与实施

1. 整理问题

无公害、绿色标准、有机标准的定义和区别？对于农产品品质和环境的要求分别是什么？国外农产品安全标准有哪些？

2. 解决问题

教师带领学生进行资料查阅和分析。并认识三种标准的图形标识及含义；制作国内外安全农产品标准对比统计表；了解不同标准的认证要求、程序以及机构；分析不同等级农产品的认证方式和购买渠道。

3. 实地走访

参观天葡庄园绿色标准的种植基地，从设施建设、品种选择、生产农事管理、水肥管控、病虫害防治，产量管控等方面对葡萄的绿色生产进行全面的了解，询问其对比常规农产品的生产模式的不同；观察绿色标准生产基地的土壤、水源、植物生长状态、产量等相关的现状；基地提供常规农产品与绿色标准农产品的对比品鉴环节，对其感官和味道进行对比和评价。

五、研究成果建议

（1）为加强食品安全和环境保护的宣传力度，号召大家重视食品安全，动员学生设计生动形象、有感染力和号召力的认证标识和宣传海报，并分小组讨论形成宣传方案。

（2）收集北京市绿色食品企业品牌，制作北京市绿色食品品牌地图，标记环保先行者标识。

（四）云佛滑雪场研学课程

在云佛滑雪场开启研学之旅，不仅可以丰富知识，扩宽视野，还可以减轻学习负担，更好地接触大自然和社会，这是一次令人兴奋、充满活力，寓教于乐的研学地点。在亲近大自然的同时，学生们全面了解滑雪运动的乐趣和技术，通过丰富多样的课程，学生们能够体验到高品质的滑雪教学和丰富的冰雪文化。

一、问题的提出

（1）滑雪运动的起源及演变过程？

（2）滑雪运动的项目分类有哪些？

（3）为什么滑雪是一项有趣而又具有挑战性的运动？

二、研究目标

（1）了解滑雪运动起源及演变过程，探索滑雪运动是如何从无到有，从简单到复杂，从一种生存方式到成为一项国际性运动的发展过程。从而更好地让学生们理解滑雪运动的文化内涵和历史背景。

（2）了解不同类型滑雪运动项目分类都有哪些特点、规则、技巧，掌握各种滑雪项目知识，学会各种滑雪运动技能，从而提升学生们对滑雪运动热爱。

（3）通过实践参与，了解滑雪运动都有哪些乐趣和挑战。

三、研究方法

1. 文献查阅法

通过阅读课外资料，了解滑雪运动的起源及演变过程，增长学生们积极参与体育活动的意识。

2. 观察法

观察与讨论，走进云佛滑雪场，观察滑雪专业教练的教学方法和学员的表现，进行讨论和交流。

3. 访谈法

通过采访专业运动员，获取对滑雪项目分类的专业意见和建议，提高滑雪技巧，从而敢于面对各种挑战。

4. 问卷调查法

通过调查问卷形式，向广大滑雪爱好者收集对不同类型滑雪的看法、体验和建议。

四、研究方案的设计与实施

（1）针对不同年龄段的学生们实行不同课程方案，滑雪电影视频或图片，让学生们既能了解滑雪知识，培养学生兴趣和熟悉雪场环境，也能体会到滑雪运动的乐趣及挑战。

（2）通过实地训练，为学生们选择合适的教练和场地，让学生们能接受专业的滑雪安全培训，学习到急救知识和应急处理技巧。

（3）设计组织技能比赛活动，提高学生的滑雪技能；增进团结友爱、互相帮助、互相学习。

五、研究成果建议

2025年我国将在哈尔滨举行亚冬会，学生通过已有冰雪运动知识和本次的研学获得，制作形式多样的雪上运动宣传品，争做冬季运动会小小推广大使。

（五）美丽乡村的美丽风景

蔡家洼村位于密云区城东，距京承高速路17出口500m，距密云城区5km。这里依山傍水，生态环境优美，地理位置优越，交通便利。拥有国家级非物质文化遗产的蔡家洼五音大鼓被评为"北京最美的乡村""中国美丽田园花海景观"、全国休闲农业与乡村旅游五星级园区、北京美丽乡村联合会会员村、第二批国家森林乡村、文化和旅游部第二批全国乡村旅游重点村、全国乡村旅游重点村、全国农民体育健身活动基地等称号。

一、问题的提出

（1）党建在乡村振兴中起到怎样的重要作用？

（2）土地制度的改革如何促进农村转型？

（3）中国传统文化的传承与创新有哪些重要意义（包括五音大鼓、农耕文化等）？

二、研究目标

（1）了解党建在中国发展中的重要引领作用，同时学习党建引领乡村振兴的丰富内涵；树立感党恩、听党话、跟党走的崇高理想和坚定信念。

（2）了解新型农村地区的发展现状及未来发展趋势，在乡村振兴研学过程中，了解传统农耕和现代农业的区别、文旅融合、电商兴农、垃圾分类、生态环保理念等。

（3）通过研学，了解传承中华优秀文化不仅有助于推动乡村经济发展，而且是乡村经济的重要支撑和动力源泉。

三、研究方法

1. 采访—访问

设计访谈提纲、人物、职务，根据访谈内容辩证所听、所看、所得的切实感受。

2. 调研—观察

了解当地的发展情况、存在的问题、提出建议或意见，为研究提供更加真实、准确的数据。

四、研究方案的设计与实施

1. 党建引领新村发展

走进蔡家洼村史馆了解蔡家洼村的历史，感受一个破旧村庄是如何发展成为"绿水青山就是金山银山"好典范的试点村;观看蔡家洼村宣传片,通过影像资料了解党建引领下的乡村发展;通过讲解土地制度改革,发展集体经济的方法,了解新农村土地流转后农民收入情况,生活居住情况,感受便民服务圈为村民带来的改变。

2. 蔡家洼的经济支柱

全方位走访蔡家洼村各产业,了解一、二、三产融合发展的现状。通过走访国家现代农业产业园区了解电商直播如何做到把农副产品发往全国各地;观察水培蔬菜种植基地,充分了解传统农耕与现代农业的区别以及优势;走进蔡家洼玫瑰情园景区,了解文旅融合、农旅融合在旅游市场中的重要性,树立绿水青山就是金山银山的绿色发展理念。

3. 蔡家洼的文化瑰宝

通过观看五音大鼓表演,采访国家级非物质文化遗产五音大鼓传承人,了解五音大鼓的文化历史和传承情况,亲身感受传统文化的精髓。

五、研究成果建议

学生通过研学活动,全方位、多角度的了解蔡家洼地区,就生态保护、农业发展、旅游开发、传统文化传承等问题形成一份意见、提案。

(六)走进北京传统插花博物馆,领略非遗魅力

北京传统插花博物馆是一家以传承弘扬中华优秀传统文化为核心业务的机构,是"中国传统插花"和"插花撒技法"非物质文化遗产密云区传承基地。很多人听到中国传统插花第一反应就会问"什么是传统插花?传统插花与现代花艺有什么区别呢?"中国传统插花经历了3000多年的历史文化积淀,崇尚"虽由人作宛自天开",集自然美、意境美、线条美、整体美于一身。中国传统插花起源于西周战国时期,历经了萌芽期、发展期、兴盛期、鼎盛期、低谷期、成熟期、衰退期和复苏发展期八个时期。改革开放以后,中国传统插花复苏发展取得了巨大进展,并于2008年6月列入国家级非物质文化遗产项目。

一、问题的提出

(1)为什么要学习传统插花?学习传统插花的目的是什么?

(2)中国传统插花有哪些优势?

(3)传承传统文化我们能做些什么?

二、研究目标

(1)学习传统插花的意义,了解传统插花3000余年的发展历史。

(2)对比现代插花,学习"花文化",了解传统插花的运用及寓意。

(3)激发学生自觉担当复兴传统文化传承者、践行者,在延续中华文脉中厚植文化自信、民族自信,培养向上、向善、自信的一代新人。

三、研究方法

1. 查阅文献法

通过图书馆、互联网、手机等渠道,查阅传统插花相关文献资料,追溯古代东方文化中插花的渊源,揭示其在不同历史时期的变化和影响。纵观历代插花,对话古人,体会古人通过插花抒发了什么情感。

2. 参观考察法

通过实地参观博物馆、考察传统插花与现代插花等花艺创作过程，使学生了解传统插花，对比传统插花与现代花艺的区别，分析传统插花中花材和花器象征的意义。

3. 采访调查法

通过面对面采访、电话连线采访等方式，与传统插花非遗传承人沟通对话，释疑解惑，共同品鉴不同背景下的插花作品，探讨其中蕴含的哲学思想和美学观念。

4. 实践探究法

创作传统插花作品，学会花材修剪、容器选择以及撒技法的运用，通过实践深入了解传统插花的艺术特点，在过程中感悟传统文化的博大精深。

四、研究方案的设计与实施

（1）查阅文献、采访非遗传承人，了解传统插花的历代发展进程，了解传统插花的大事记，思考怎么将传统文化更好的传承下去，争做小小传承人。

（2）制作演示文稿，以图文并貌的形式多角度梳理对比中外插花的区别，提升学生运用现代信息媒体工具，收集资料、提炼观点、撰写文案和逻辑表达等能力。

（3）举办一场传统插花作品展，学生们以小组为单位，创作一幅传统插花作品，根据创作理念自行布展。在挑选适合的花材、容器过程中不但能体会花的运用及表达的寓意，也能提升团结协作的能力。

五、研究成果建议

中国传统插花是中华优秀传统文化的瑰宝，契合习近平总书记多次强调的传承发展中华优秀传统文化的重要精神。学生通过系列研学活动掌握了"撒"艺插花的技能，了解了中国传统插花3000多年的发展历程，感受到中国传统插花"虽由人作，宛自天开"的独特艺术魅力和深刻的文化内涵，体会古人"以花传情，以花明志"的情怀，激发学生发现美、欣赏美、享受美、创造美的能力，进而提升民族文化的自豪感和自信心。

（七）访"京师锁钥"，探文化历史

古北口历史悠久，自然环境优美，地势险恶，素有"京师锁钥"之称。它位于北京东北部，密云区境内，是北京的龙脉地带，是通往东北、内蒙古以至华北平原的交通要道，是北京的东北大门。

一、问题的提出

（1）古北口村在历史上的地位和作用是什么？

（2）古北口村有哪些重要的历史事件或人物？

（3）古北口村有哪些独特的文化遗产或景点？

二、研究目标

（1）价值体现：通过参观纪念馆等，学生可以深入了解当地的历史文化、民俗传统和生态环境等方面的知识，加深对中华文化的认识和理解，从而树立文化自信和价值观。

（2）责任担当：学生进行实地走访，通过与当地百姓进行座谈了解实际情况，学生

可以参与当地的环保、文化传承等方面的实践活动，培养社会责任感和担当精神，增强社会参与意识。

（3）问题解决：学生可以接触到实际的问题和挑战（体验耕地，学习农具的使用、美食的制作），培养解决实际问题的能力，提高综合素质。

（4）创意物化：学生可以通过创意设计和制作（城砖）等活动，将所学的知识和技能转化为实际的创意作品，培养创新意识和实践能力。

三、研究方法

1. 参观法

参观长城抗战纪念馆，瞻仰公墓和纪念碑，攀登蟠龙山长城，走入城池，领略庙宇景观。

2. 讲授法

通过讲解员的讲解介绍了解古北口村的背景文化。

3. 现场教学法

走进村落，探访民宿，品尝当地美食，动手尝试制作美食；触摸城墙，模拟烧制城砖；踏入农田，亲自领略农耕之辛。

四、研究方案的设计与实施

1. 带着问题参观学习

古北口是北京的东大门，自古为兵家必争之地。日军于1933年向长城要塞古北口大举进攻，打响了北京地区抗日战争的第一枪。蟠龙山长城即是长城抗战的主战场又是世界遗产，通过参观让学生们亲登古战场遗迹，领略历史的痕迹。

2. 实地走访，了解民情

通过老师带领学生实地走访、座谈、查阅资料，使其对古北口有更深的认识了解，得到更多的知识，解决问题。

3. 解放双手，重返当年

现场教学农具的使用及美食的制作，让学生们自己动起手，走进农田，亲手耕种，体会劳作之乐以及享受自己动手后的食物，体会炊事之乐。

五、研究成果建议

首先，学生可以通过参观古北口村的历史景点，了解当地的历史文化和发展过程，包括古代的战争、政治、经济、文化等方面。这有助于学生深刻理解历史背景和社会发展规律。

其次，学生可以通过参与古北口村的实践活动，亲身体验当地的文化和传统工艺，例如编织工艺、农耕文化等。这不仅可以让学生了解到传统文化的魅力和价值，还可以培养学生的动手能力和创造力。

再次，学生还可以通过与当地居民的交流，深入了解当地的社会现象和文化习惯，包括风俗习惯、民间信仰、传统礼仪等。这有助于学生深刻理解当地的文化底蕴和社会发展现状。

最后，学生可以通过研学之旅提高自身的综合素质和能力，例如独立思考、解决问题、团队协作、沟通能力等。这对学生未来的学习和职业发展都有积极的影响。

（八）探秘松鼠谷

欢乐松鼠谷位于北京市密云区太师屯镇东田各庄村 101 国道旁距离北京城区约 90km，占地 600 亩。园区森林植被茂盛，花草繁多。这里是阴生植被生长地，有诸多的珍稀花草，孩子们可以在这里寻找植物物种，在大自然中学到植物课程。欢乐松鼠谷是华北地区首家以松鼠为主题的亲子乐园。园区内大约有 2000 只松鼠。散养在群山之间，另有一部分是饲养在"松鼠大观园"。

一、问题的提出

（1）认识松鼠，了解松鼠的种类、外貌特征、生活习惯、爱吃的食物和分布情况等等。探讨松鼠的种类里面有没有国家级保护种类？

（2）跟老鼠相比，同样都是鼠类，为什么人类喜欢松鼠而不喜欢老鼠？它们有什么区别？

（3）同样是鼠类，仓鼠可以在家养，松鼠可以吗？如果可以，都需要注意些什么？

二、研究目标

（1）通过实地考察，近距离观察和饲养员的讲解，认识不同种类的松鼠的外貌、特征和生活习惯，以及它们的分布情况。

（2）通过网络文献和饲养员的讲解，了解松鼠和老鼠的区别是什么。

（3）通过网络查询和饲养员的讲解，了解松鼠的养殖条件和注意事项。

三、研究方法

1. 实地考察法

亲密接触，投喂方式，现场记录等方式。

2. 网络查询法

从外貌特征、生活习惯、饮食习惯和对木材及农作物的破坏等方面进行对比了解。

3. 走访调研法

带着问题向饲养员询问并请教如何才能养好松鼠。

四、研究方案的设计与实施

1. 实地考察，带着问题走进松鼠谷

（1）提出问题：认识松鼠，了解松鼠，了解松鼠的种类、外貌特征、生活习惯、爱吃的食物和分布情况等。

（2）解决问题：教师带领学生们走进松鼠谷进行实地参观和学习；学生们通过近距离观察，投食、讨论等环节认识松鼠，了解松鼠。

2. 通过网络查询了解松鼠与老鼠的差异

（1）提出问题：松鼠的种类里面有没有国家级保护种类？同样都是鼠科，为什么人类喜欢松鼠而不喜欢老鼠，他们的区别都在哪里？

（2）解决问题：通过网络查询、展板、影像和饲养员的讲解，同时配有教师提问互动等环节，从外貌特征、卫生习惯、生活习惯、饮食习惯及对木材及农作物的破坏等方面一一进行对比了解松鼠与老鼠的区别；明确知道松鼠里面很多品种被列为国家保护动物。

3. 通过走访调研

（1）提出问题：仓鼠可以在家里养，那松鼠可以吗？怎么养？应该注意些什么？我们应该怎么做？

（2）解决问题：通过饲养员的耐心专业解答，让学生们了解如果想要家里养殖，既可以笼养，也可以散养；需要多准备几条手绢让它熟悉你的气味，以便跟你亲近，一定要喂些水果来保持其体内水分等。

五、研究成果建议

学生通过该项研学课程，对动物保护有了深层次的理解，建议学生以小组的方式，按此学习方式，了解更多的动物，并在校内召开宣讲会。

（九）现代农业的发展

现代农业是现代科学技术基础上发展起来的农业。现代农业的发展过程就是传统农业、不发达农业转变到现代农业的过程。党的十六大报告曾指出："统筹城乡经济社会发展，建设现代农业，发展农村经济，增加农民收入，是全面建设小康社会的重大任务。"

一、问题的提出

（1）什么是现代农业？现代农业与传统农业的区别是什么？

（2）现代农业在中国的发展现状与前景如何？

（3）现代农业在中国的发展存在哪些问题？该如何应对？

二、研究目标

（1）认识现代农业，了解现代农业与传统农业的区别。

（2）了解现代农业在中国的发展现状。

（3）探索现代农业在中国的发展过程中存在哪些问题，并根据自己对现代农业的理解提出相应的对策。

三、研究方法

（1）通过网络搜索初步了解传统农业和现代农业在中国的发展。

（2）通过实地参观智能温室探索现代农业与传统农业的不同之处。

（3）通过走访专业的技术人员，了解现代农业的生产方式；通过走访生产工人，了解现代农业的发展为原本从事传统农业的他们带来了哪些红利。

（4）根据自己对现代农业的认识，结合走访结果、参观考察结果提出现代农业在中国的发展过程中存在哪些问题，并提出相应对策。

四、研究方案的设计与实施

1. 回顾问题，牢记研究方向

（1）什么是现代农业？现代农业与传统农业的区别是什么？

（2）现代农业在中国的发展状况如何？

（3）现代农业在中国的发展存在哪些问题？该如何应对？

2. 线上检索，文献查阅

初步了解现代农业的概念，认识现代农业在中国的发展状况。

3. 参观现代化智能温室

实地参观现代化智能温室，了解现代农业与传统农业的不同之处。

4. 走访专业的技术人员和生产工人

（1）通过走访专业的技术人员，深入了解现代农业的生产方式、现代农业在中国的发展现状与现代农业与传统农业的不同之处。

（2）通过走访温室内的生产工人，了解现代农业为原本从事传统农业的他们带来了哪些红利，同时了解到现代农业的发展为三农（农业、农村、农民）工作的开展做出哪些助力。

5. 交流研讨

根据文献检索结果、参观考察结果、走访结果，结合自身对现代农业的认识提出现代农业在中国的发展过程中存在哪些问题，并根据问题提出相应对策，与同学、专业的技术人员相互交流，研讨对策的可实施性。

五、研究成果建议

通过本次研学活动，学生们对现代农业有了较为深入的了解，认识到现代农业不再是靠天吃饭的农业，而是用现代工业力量装备的、用现代科学技术武装的、以现代化管理理论和方法经营的、生产效率达到现代化先进水平的农业。与传统农业大相径庭，将农产品从自然经济变成发达的商品经济，形成一份现代农业与传统农业区别分析的微论文。

（十）金叵罗农场——产业带动乡村振兴研学课程

金叵罗村坐落于华北平原，由于地形特殊，冬季风从黄土高原上带来适宜农业发展的肥沃黄土，黄土受到村东部丘陵的影响沉降在金叵罗村的腹地，形成了次生黄土区，适宜农业发展。

金叵罗村里的金叵罗农场拥有一个物种多样的环境，农业种植以樱桃、小米为主，同时动植物种类丰富，既有原始的动植物，又引进了新动植物，如孔雀、芦苇等。这些动植物资源，成了农业发展的基础及农村旅游业发展的良好资源。

一、问题的提出

（1）乡村振兴的适配产业都有哪些？

（2）如何因地制宜地选择乡村振兴适配产业？

（3）建造适配产业的资金是如何解决的？

（4）适配产业又是如何通过发展实现乡村振兴的？

二、研究目标

（1）了解主要有哪些乡村振兴的适配产业，以及这些产业对应的政策要求和市场前景。

（2）了解农场这种适配产业与其他乡村振兴适配产品相比，特点和优势以及对场地资源的要求是哪些。

（3）了解政府为了帮助乡村实现乡村振兴都出台了哪些针对乡村振兴适配产业的金融扶持政策；金叵罗农场作为适配产业，建设资金是如何构成的。

（4）明确何为乡村振兴；了解乡村产业振兴、乡村人才振兴、乡村文化振兴、乡村生态振兴、乡村组织振兴的具体含义；农场作为金叵罗村选择的乡村振兴适配产业，在上述的乡村振兴的五个方面发挥着怎样的作用。

三、研究方法

1. 实地走访法

通过对村民、村干部、游客的走访，获取相关信息，并对信息进行分析处理。

2. 探究实践法

通过到金叵罗村进行参观；到金叵罗农场进行实践活动，了解金叵罗村现状，了解农场是如何经营的。

3. 文献查阅法

通过查阅文献以及各个网络媒体平台，获取乡村振兴适配产业、金融扶持政策，以及乡村振兴的相关信息，以此来获得此次研学活动的基础知识。

4. 对比研究法

对比金叵罗农场建成前后带给村子哪些不同；体会金叵罗农场是如何由一个点撬动一个面，带动全村实现乡村振兴的。

四、研究方案的设计与实施

（1）事前精心设计采访内容，对村民、村干部、游客进行采访。
（2）在金叵罗村进行实地的观察与感受，来金叵罗农场实地参观体验。
（3）参观村子里各个产业点，并跟主理人进行交流。绘制金叵罗村产业地图。
（4）建立农场成立前后村子变化的调研任务单。

调研任务单

序号	调研内容	调研结果
1	金叵罗村的村庄环境	
2	金叵罗村拥有的产业	
3	村民的工作、生活情况	
4	村民的组成结构	
5	到访游客类型	
6	关注金叵罗的社会资源	
7	农场举办过的活动	
8	农场建设资金筹措方式	

五、研究成果建议

以金叵罗村为案例，撰写一份乡村振兴的案例分析及一份助力金叵罗村经济发展的提案。

（十一）"莓励"生活

军兴生态园位于西田各庄镇，距密云城中心仅5km，交通便利。园区于2012年8月注册成立，占地面积320亩，有150栋日光温室，针对初高中学生，园区日接待学生能力400人左右。园区创建生态文明教育课程，让孩子们在积极的生态环保观念下学习基本实践技能，为其提供安全的生态文明教育和实践环境，果蔬包装工作间让孩子们体验水果包装及筛选。军兴生态园将新兴农业、自然文化、农耕元素、研学、生态文明教育有效搭配，融入科普性与体验性，实现生态农业、农庄经济、学生实践的高效结合。

蓝莓作为园区特色种植的水果，不仅有很高的保健价值，而且花期长、果实蓝色，具有很好的观赏性。本园区的蓝莓在种植技术上得到了北京林业大学的技术支持，是林学院的研学基地，持续有着研究成果报告落地实施，蓝莓花是很好的蜜源跟蜜蜂产业紧密结合，给社会实践大课堂提供了实践场地和近距离接触种植园区的机会。

一、问题的提出

（1）了解蓝莓发展史，知道我国蓝莓的主要发展状况，全球蓝莓种植区域都有哪些地方？南果北种莓产业规模如何？

（2）研究蓝莓树体及花果的形态特征，了解蓝莓的开花和采收季节，在冬季外界没有昆虫的情况下，怎样利用蜜蜂给蓝莓授粉？

（3）什么样的土壤适合种植蓝莓？

二、研究目标

（1）研究北方栽培蓝莓管理方式及品种选择，基本了解蓝莓生长过程及种植方式、全年生产产地、适宜蓝莓生长的基本条件等。

（2）研究蓝莓开花期间哪种授粉方式最高效。

（3）研究适合种植蓝莓的土壤。

三、研究方法

（1）学生通过视频方式了解我国蓝莓主要种植区域及蓝莓的发展历史，学生到实地了解蓝莓种植情况，认识蓝莓品种之间的差异，通过观察检测花、果、叶的生长方式了解蓝莓所需要的营养成分是通过光合作用吸收到叶片上，然后夜间养分在转换到根部，根部制造出树体所需要的氮磷钾来供果实生长。

（2）通过观察蓝莓种植方式，了解蓝莓所需温度及不同时期的管理方法，合理利用蜜蜂给蓝莓授粉，通过记录比较蜜蜂、雄蜂、中蜂等不同蜂之间的差异，找出适合授粉的品种。

（3）通过动手操作，检测土壤参数，分析土壤中各项参数，找出适合种植蓝莓的土壤特点。

四、研究方案的设计与实施

1. 我国哪些地方适合种植蓝莓？如果不适合种植应该怎样解决？

根据视频所了解的内容，我国适合种植蓝莓的地方，如南方的云南、贵州、四川、湖北等地区，北方的辽宁、天津、青岛、黑龙江等地区，西部有新疆等地区，北方大部分采用温室种植蓝莓，温室就是模仿植物在自然条件下正常开花结果，温室就像个温度调节器，通过利用太阳的能量改变温室里的温度来达到增加温度的作用。如遇到不适合种植蓝莓的地方，通常采用改良土壤的方法或是用基质栽培的方式来改善。

2. 蓝莓开花期授粉问题怎么解决？

蓝莓主要以虫媒方式授粉，北方温室中蓝莓开花期间，外界正处于冬季昆虫没有开始活动,所以温室内多采用蜜蜂授粉,来达到授粉坐果的目的。

3. 怎样让土壤更健康?

让土壤健康的途径有少用化肥,少用农药,通过检测土壤中各项指标是否不均衡,采取使用有机肥的方法,减少重金属的摄入,也可以用轮作的方法,以相互弥补元素缺失的植物。健康的土壤长出的农作物不仅产量高而且抗病力强。

五、研究成果建议

让学生来到园区不仅能看到种植生产的全部过程,也能通过参与实践与观察记录动手操作的步骤,利用自己所学知识制作出更科学、更简洁的工具让农业实现智能化的产业。

(十二)THANK"油"

北京康顺达农业科技生态园是独具农耕特色的校外研学基地,坐落于美丽的潮白河畔,占地近千亩,西邻潮白河堤,东抵京承高速防护林。园区有农特新示范区、温室农耕区、生态林区和大田作物种植区,常年进行生态循环农业发展,大田作物区种植玉米、花生、大豆、向日葵、番薯等经济作物,为农业生态课程提供了良好的种质资源。经济作物中以大豆、花生、向日葵为主的油料作物,为此项课程提供了丰富的材料来源。花生油、葵花籽油、大豆油是我们生活中常用的作物植物油。那么这些常用的食用油怎么生产出来的?谁的出油率高呢?让我们在农场里面一探究竟。

一、问题的提出

(1)北方地区与南方地区食用油消费种类差异及形成原因?

(2)全国食用油料产出量前列的省份有哪些?形成原因是什么?

(3)花生、葵花籽、大豆,三种作物谁的出油率最高?

(4)出油率如何计算?如何熟练操作小型压榨机?

二、研究目标

(1)通过网络材料和实地学习,走进康顺达大田作物种植园,认识花生、大豆、向日葵,了解生长的过程,植株结实部位。

(2)榨油之前,对作物的处理步骤,了解剥壳去杂、破碎、炒制等工艺。

(3)通过亲自动手操作榨出花生油、大豆油、葵花籽油,掌握计算出油率计算公式,完成数据对比。

三、研究方法

1. 参观考察法

参观康顺达大田作物种植基地,观察花生、大豆、向日葵植株,抛出植物油的问题。

2. 查阅资料法

通过视频和文献学习、教师介绍,了解几种作物的种植时间、种植方法和生长条件;形成产油大省的影响因素,学习榨油的方法与出油率测算公式。

3. 探究实践法

亲自体验花生、葵花籽粒剥壳、大豆去杂、破碎、炒制、压榨的各个环节。

四、研究方案的设计与实施

（1）提出问题：花生、大豆、葵花籽采收后是通过什么方法变成植物油？植物油压榨需要什么方法？通过研究进一步了解榨油的方法。

（2）解决问题：首先学生在活动之前先带着问题进行探究和讨论，教师带领学生参观园区大田作物种植基地，讲解作物生长的每个周期，了解农作物的基本知识。随后教师带领大家进入课堂，了解小型榨油机的原理，以及榨油之前的处理，让学生们亲自感受榨油的快乐。结束后统计出三种作物的出油率为

$$\times\times\text{的出油率} = \frac{\times\times\text{油质量}}{\times\times\text{的质量} - \times\times\text{杂质质量}} \times 100\%$$

最后，所有学生在教师的带领下，以小组为单位，完成三种作物榨油的过程。

五、研究成果建议

通过实践操作得出不同的数据，对比分析影响出油率因素，与文献数据对比，哪种作物的出油率最高；探究花生是否炒制对出油率有无影响，葵花籽有没有好的去壳方式。

拓展环节：榨好的植物油将如何保存？（容器、避光、密闭等）；查阅对比国标（植物油生产国家标准GB/T）工业化生产植物油经过洗滤、凝固、发酵等环节进行处理，最终才能达到食用标准，质量也会更好。

（十三）"小虫子"哪里"逃"

全球已知的昆虫约100万种，占整个动物界种数的70%以上。亿万年前，无数昆虫以化石的形式保存和延续至今。昆虫化石不仅能够保存昆虫原有形态特征，同时记录了昆虫的内在基因。昆虫标本作为生物资源的重要组成部分，是动植物检疫、虫害防治等研究及课程教学的基础材料。

本课程中向学生介绍康顺达生态田园管理过程中常见的昆虫（有害昆虫与有益昆虫）、昆虫特点分布、如何快速有效地捕捉昆虫并学习利用针插法完成昆虫标本制作和保存。

一、问题的提出

（1）园区观察的昆虫叫什么？主要特征有什么？

（2）田园常见的有益昆虫与有害昆虫有哪些？

（3）昆虫去哪里找？如何快速有效地捕捉？

（4）昆虫标本是如何制作的？怎样记录昆虫标本标签？

二、研究目标

（1）通过视频材料和图片展示，了解昆虫特征和分类方式、田园常见昆虫、有益昆虫和有害昆虫区别。

（2）通过查阅文献，了解昆虫习性，印证发生区域，进行昆虫诱捕。

（3）掌握活体昆虫标本制作前的预处理方法，利用针插法完成昆虫标本制作任务。

（4）通过昆虫标本制作，培养学生动手操作的能力，使学生养成良好的科学研究习惯并在教学中渗透美育。

三、研究方法

1. 实地观察法

观察生态园作物种植区的诱捕灯、杀虫袋、糖醋液、黏虫板上诱捕的昆虫，作物韭菜、生菜、茄子、番茄植株和果实上的虫瘿。

2. 文献查阅法

观看昆虫视频、查阅文献、请教农业专家，了解昆虫习性（趋光、趋化、植食性、肉食性），怎样有效地进行诱捕。

3. 探究实践法

学习和掌握器材及使用方式。

配套器材：标本盒、昆虫针、展翅板、捕虫网、镊子；自备材料：白纸、昆虫。

四、研究方案的设计与实施

昆虫是十分美丽而多变的生物，鳞翅目（多数蝶类和少数蛾类）五彩缤纷的鳞翅、鞘翅目（甲虫）金属光泽的鞘翅、螳螂威武霸气的姿态、角蝉千奇百怪的前胸背板等，都是值得观赏玩味的姿态和结构。

1. 回顾问题，实地考察

学生自由发言以下问题。

（1）你认识这些昆虫吗？

（2）哪些是有益昆虫？哪些是有害昆虫？

（3）哪里可以找到它们？幼虫和成虫分布区域一样吗？

2. 观察对比，印证问题

（1）根据昆虫趋性进行对比。

① 趋光性：诱捕灯（鳞翅目夜蛾类、鞘翅目甲虫）、黏虫板（黄板：蚜虫成虫；蓝板：潜叶蝇、蓟马、瓢虫）。

② 趋化性：糖醋液罐。

③ 植食性：作物韭菜（葱蝇、韭蛆）、生菜（菜青虫）、玉米（玉米螟幼虫、瓢虫幼虫）、茄子、番茄植株和果实上的虫瘿（蚜虫若虫、捕食螨）。

（2）辨识昆虫成虫和若虫的特征，判断昆虫种类，是否有益。

3. 引出课题：昆虫标本制作

昆虫种类繁多、形态各异，属于无脊椎动物中的节肢动物，是地球上数量最多的动物群体，它们的踪迹几乎遍布世界的每一个角落。为了更好地研究昆虫，我们可以制作一些昆虫标本。

4. 标本制作

本次课程主要采用针插法制作成虫针插标本。

（1）标本回软：这个步骤针对那些不新鲜的虫尸，采用杀虫灯、糖醋液罐捕捉到的鳞翅目和鞘翅目昆虫。

（2）标本整姿：需要用到的工具有昆虫针和展翅板。整姿需对足进行调整，从中胸扎入，避免将昆虫针扎在中轴线上，以保持鉴别特征完好，应扎在中轴线偏右的位置注意左右对称和中足后足摆放协调。

（3）风干和撤针：整姿完毕后风干3~5日即可，难在撤针。风干后的标本极易碎裂，撤针时应谨慎，按照触角、足、翅、腹的顺序依次撤掉大头针，最后取下标本。

（4）加标签及保存：一个信息完整的昆虫标本除了要有虫体本身，还需有采集信息和鉴定信息，其应记录在一定大小的纸质标签上，称为采集标签和定名标签，分别排列在昆虫标本的下方。具体包含中文名，拉丁文名，采集地，采集人，科属分类，制作日期等要素。

五、研究成果建议

根据昆虫的趋性能够快速准确地诱捕到昆虫，观察不同媒介诱捕到的昆虫，印证同一品种的昆虫具有多种趋性。制作的昆虫标本上需要加适量的防蛀防霉药剂，有条件的可以密封膜保存，若标本的数量较多，则需分门别类将标本置入标本盒内，将其置于避光的干燥处保存。

（十四）宇宙探索之深空探测

人类自古以来就对浩瀚无垠的天空充满向往，仰望星空，无论你在哪里，无论你在何时，灿烂的星空总以它无与伦比深邃和静谧，令人遐想。置身于茫茫宇宙之中，地球是多么渺小；徜徉于天体演变的长河之中，人生是多么短暂的一瞬间。这无垠的星空舞台，深深地吸引着人类观测浩瀚星空，探索神奇宇宙。我们不断去识别和记录每个星星的位置。人类不断开发出新的探测手段去进行观察、探索，而每次观测手段的进步都会让我们大吃一惊。不同探测手段有着巨大的观测差异，让我们一起来学习探索吧！

一、问题的提出

（1）人类对宇宙的探索方式有哪些？
（2）光学观测宇宙的技术手段有哪些？
（3）不同观测方式对人类认识探索宇宙产生的影响是什么？

二、研究目标

（1）了解目前人类光学观测宇宙的方式有哪些。
（2）培养学生多角度观察思考问题的能力。
（3）让学生了解科学探索的过程是由近及远，由简及繁的道理。

三、研究方法

1. 观察法
通过模拟不同光学观测宇宙方式，观察体验不同方式对观察结果的影响。

2. 比较法
比较人眼直接观测、天文望远镜观测、太空望远镜观测、轨道探测器观测几种不同光学观测方式的区别。

3. 实验法
通过模拟营造不同的观测环境，让学生通过亲身体验，切身感受不同探测手段，对人类认识宇宙的影响。

4. 提问法
通过提问吸引学生注意力，引导学生积极动脑思考。

四、研究方案的设计与实施

1. 活动准备

材料和工具：大小不一的球、幕布、A4纸、滤镜片。

2. 活动过程

第一阶段：了解人类对星空的探索活动。

第二阶段：观察星空，了解观察太空的几种方式，包括望远镜直接观测、大气层外观测、发射探测器观测和定点观测等。

第三阶段：总结比较，得出结果，加深认识。

五、研究成果建议

伴随着技术的进步，尤其是当人类有了更多的工具，我们会逐渐认识和接近事物的本质，通过对宇宙探测的活动，展示了人类光学探测技术进步的一个发展过程。通过场景搭建、直观展示、亲身情景模拟体验，让学生对于整个活动有更完整地认识和思考，一步步引导学生认识了解科学家观察天体的不同方式。学生在实际的操作了解中，逐渐认识到我们对科学的认识有一个从近及远、由简及繁、由易到难的过程，而基于现有经验得到的认识，并不一定完全正确。当人类有了更多的工具，我们会逐渐认识和接近事物的本质。本次探究活动也是对培养学生树立正确的人生观、价值观及科学的思想和方法去认识未知事物的一次教育。

（十五）走进密云石城，探究石画艺术

密云石城村因北齐天宝年间修建长城而得名，也是石城镇政府所在地，故名石城镇。近年来，石城镇依托得天独厚的地理位置和资源优势大力发展民俗旅游业，石城石画馆由此建成。石城石画成为结合石城红色历史文化及石城地域文化优势打造的石城村乡村文化品牌，目前是北京市首家石画专业展览馆，展品共1000余幅。2016年至2019年，展览馆已连续举办四届石城石画文化节，邀请国内多位石画大咖，为展馆绘制众多精美绝伦的石画艺术品，在提升石城石画展馆的历史文化内涵同时，致力于把石城石画打造成为中国石画的文化中心。

一、问题的提出

（1）石城石头画是如何兴起的？

（2）如何选择自己喜欢的石头、选择什么样的题材内容？怎样在石头上绘制？

（3）如何让绘制石头画与表现京郊山村的新风貌和传承红色基因相结合？

二、研究目标

（1）了解先烈英雄事迹，采集绘画题材内容。

（2）理解什么是随形赋画、因材施画，运用学习的绘画知识学会用丙烯颜料绘制石头画技法，画出一幅石头画。

（3）通过研学活动，激发学生对石头绘画艺术的兴趣；通过观察周围环境，提高学生审美情趣；牢记革命历史，弘扬革命文化，传承红色基因。

三、研究方法

1. 参观—体验

参观白乙化烈士陵园、石头画艺术馆，体验石头画创作。

2. 走访—观察

实地走访当地百姓家中，观察了解乡村变化历程，采访老人讲述战争时期发生的故事，以文稿形式记录下来。

3. 探究—实践

把自己的所感所想通过手中的画笔、颜料以石头为载体完成自己的石头画作品。

四、研究方案的设计与实施

1. 参观准备阶段

参观白乙化烈士展览馆和纪念碑，观察记录烈士形象，为在石头上绘画英雄形象做准备。碑上刻着萧克将军手书的8个大字"血沃幽燕、名垂千古"，它纪念的是：抗日民族英雄，原八路军晋察冀步兵第十团团长，丰滦密抗日游击根据地奠基人白乙化烈士。通过讲述白乙化烈士的英勇抗战的故事，给学生们进行了一次思想洗礼，激发了其爱国之情。激发学生努力学习，回报社会，传承红色基因，为建设和谐社会贡献自己的力量。

问题：白乙化是谁？你学到了他的哪些品质？我应该怎么做？

2. 参观石头画馆，了解石头画

参观石头画展馆。石画艺术源于汉代，具体有两种表现方式，一种是雕刻，另一种是画作。在唐代，石头画得到了很大的发展，被广泛应用于主题宗教人物、山水花鸟等；元明清时期，石头画达到了巅峰，并被视为精美美术品。普通一块石头经过手工石头画制作，立即升值上百倍。从美学角度按照不同画面的内容、构图、光学折射原理等因素细心雕刻琢磨，使每一块石材的形状配合画面构图，因此不同的画面中石材的形状亦不一样。石材雕刻成型后，经过反复抛光、干燥、上油等风干处理后，使画面实现长久的保存。

问题1：细心观察展馆里你最喜欢的一幅画，看看画家是如何表现的？

问题2：在观察中要求学生们构想自己选择什么样的石头，完成一幅什么样的石头画，自己准备画的是什么故事？

3. 参观石城别墅村，采访老人讲述战争故事

（1）走进民俗村，参观农家别墅院。学生细心观察农家院种植的瓜果花草树木，为绘画准备题材，从中亲眼看到山区村风村貌的美景，感受到农民的幸福生活。

（2）采访当地老人，深入了解山区农民生活。学生聆听老人讲述战争中发生的故事，从而让学生了解石城红色革命历史，知道今天和平环境的来之不易，要好好生活，节约粮食，好好学习，倍加珍惜当今幸福生活。

4. 探究实践阶段

参观完石头画馆，感受石头画带来的艺术故事，开始学习石头画的画画技巧。

学生选好自己喜欢的石头，打理干净晾干；随石赋形，构思好想要画的图案；随类赋彩，涂自己喜欢的或者与图片搭配的底色，刷底色的时候颜料不能太干，上下或者左右来回刷，用铅笔或者直接用勾线笔蘸稀释后的颜料打草稿，接下来用丙烯颜料一点点上色，直到完成作品。

五、研究成果建议

学生通过学习，了解、热爱石头画，在生活中尝试用不同的物料进行艺术创作。

（十六）"小昆虫学家"——燕山昆虫研学课程

华北平原分隔出植物的东北区系和华北区系。燕山山脉塑造了气候、降水、物产、物种以及人类文化迥异的华北地理多样性，在昆虫这一世界上最大的生物类群上也体现得非常充分。常峪沟段的燕山自然生态保持良好，生物多样性丰富，昆虫种类繁盛，是北京林学会耕耘多年的自然教育和科普研学基地。从生态学角度看，常峪沟是燕山山脉北京段最适合开展青少年自然科学活动的地点。经过北京林学会多年的保护，这里的野生植物、鸟类、昆虫、爬行动物、哺乳动物以及综合生态环境持续改善。昆虫是生态环境的指示性生物，生态环境的好坏和出现的问题都会在昆虫身上得到体现；昆虫又是很多都市孩子与自然连接的最好媒介，很多小的昆虫迷没有途径找到高质量的昆虫研学活动。因此，北京林学会推出了"小昆虫学家"昆虫主题科考研学课程。

一、问题的提出

（1）北京境内的燕山山脉夏季有哪些典型的昆虫种类？

（2）这些昆虫怎样适应和使用燕山山脉的生态环境？

（3）如果昆虫消失，会对自然、对人类产生怎样的影响？

（4）人类能为生物多样性的保护和恢复做些什么？

二、研究目标

（1）通过不同科学手段调查常峪沟段白天、夜间活动的种类。

（2）研究主要昆虫种类的迁移及运动方式。

（3）研究主要昆虫种类的口器类型、食物来源、寄主植物以及它们与生态环境的关系。

三、研究方法

1. 查阅资料法

查阅"北京昆虫分类学""昆虫采集方式""昆虫翅膀构造和进化"等讲座，进行昆虫飞行和迁移能力小课题探究，从昆虫翅膀结构特征进一步掌握昆虫识别分类依据。

2. 实践探究法

通过科学的捕虫方式，捕捉昆虫开展研究。

3. 对比分析法

用分析与综合的科学方法，进行合理的推断并论证。

四、研究方案的设计与实施

1. 知识拓展

组织学习"北京昆虫分类学""昆虫采集方式""昆虫翅膀构造和进化"等讲座，进行昆虫飞行和迁移能力小课题探究，从昆虫翅膀结构特征进一步掌握昆虫识别分类依据。

2. 实践探究

（1）学习昆虫分类方法和识别技巧，学习昆虫图鉴和昆虫文献的使用查阅。

（2）通过样线法，在不同路线上使用扫网方式搜索捕捉标定地区植被表面以及2.5m高度以下活动的昆虫，做种类鉴定和统计。

（3）通过埋罐法，在网格化标定的典型地区设定18个昆虫诱剂陷阱，针对地面活动的鞘翅目昆虫和膜翅目昆虫进行调查和统计。

（4）通过架设马式网，对距地表1m以下高度活动的昆虫进行诱捕和统计。

（5）通过教师指导、图鉴对比、文献查阅，为所有诱捕和遇到的昆虫定种，归类，纳入统计表格。

（6）通过显微镜观察，进一步明确昆虫微小的识别特征，强化昆虫分类知识。

3. 对比分析

根据得到的数据分析常峪沟昆虫的分布特征和规律，推理燕山山脉夏季昆虫的分布环境以及生物多样性保护措施。

五、研究成果建议

通过真实的自然科学考察，学生更加了解自然、热爱自然，在人与自然方面有深层次的见解，以多种形式向不同群体发出保护自然的倡议。

（十七）蜜蜂"小老师"传授大智慧

渺小的蜜蜂家族早在1.5亿年就出现在了我们美丽的地球上了，比凶猛强大的地球前任霸主——恐龙足足早了两千万年。强大的恐龙家族灭绝于6500万年前的地球与行星的大碰撞，成了永远的化石，只能出现在恐龙博物馆内，而渺小的蜜蜂家族却活到了现在，并在地球温暖的地方处处安家。弱肉强食的自然界，小蜜蜂凭借的是什么技能得以繁衍至今？它们教会了我们人类哪些重要的生存技能？我们怎么去利用蜂产品呢？

一、问题的提出

（1）每个蜜蜂家庭至少有一万只蜜蜂群居在一起，它们的家庭结构是怎样的？

（2）上万只的蜜蜂生活在不到 $1m^3$ 的小空间里，它们不会打架或者踩踏吗？

（3）小蜜蜂面对胡蜂、马蜂等强大的天敌时，又是怎样让自己的家族基因延续下去的？

（4）传说蜜蜂明明知道蜇完人之后，自己就会死掉，却还是毫不犹豫地蜇上去，这完全不符合生存法则。所以，蜜蜂蜇人会死，是真的吗？

（5）据说蜜蜂浑身都是宝，我们能够利用蜂产品和蜜蜂自身做哪些生活用品呢？

二、研究目标

（1）认识不同蜜蜂家族的家庭成员组成结构。

（2）观察小蜜蜂的日常工作情况以及进出蜂箱的位置和顺序。

（3）观看小蜜蜂在胡蜂、马蜂等强大天敌入侵蜂巢情况下，怎么进行蜂巢保卫战。

（4）实地考察，验证小蜜蜂"逐蜂王而居的本性"。

（5）通过指导老师指导和讲解，了解蜂蜜、蜂蜡的不同性质和作用，并在指导老师的指导下进行蜂产品DIY操作。

三、研究方法

1. 实地考察法

实地进行蜂场参观并记录详情。

2. 资料研究法

查阅蜜蜂相关的文献，补充观察记录。

3. 动手实操法

对比蜂产品特性进行手工制作。

四、研究方案的设计与实施

1. 蜂场实地参观

参观蜜蜂大世界自有生态蜂场，找到蜜蜂的三种家庭成员。

2. 蜜蜂关键信息收集

通过影视资料、讲解员讲解、资深蜂农介绍等方式了解蜜蜂，观察蜜蜂家族的分工合作，有序进出蜂箱观察蜜蜂面对强大天敌时的生死大战。

3. 蜜蜂日常探究实践

通过现场观看，看资深蜂农怎样取蜂蜜、喂蜂药。了解蜜蜂生活常态。

4. 蜂产品 DIY 制作

在教师的指导下，自己动手去利用蜂产品，制作自己的专属作品（天然蜂蜜香皂、天然蜂蜡唇膏、天然蜂蜡蜡烛、蜜蜂琥珀等）。

五、研究成果建议

为了加强蜜蜂保护意识、合理利用蜂资源，号召学生们定期公共场所进行《保护蜜蜂和蜂产品使用》为主题的宣传工作。组织学生不定期走访社区附近蜂业合作社和蜂农，记录蜂农养蜂所遇到的问题，并联系权威蜜蜂科研组织帮助蜂农解决问题。

（十八）解码飞行秘密，探索航空科技

密云机场是华北地区首家 FBO 运营模式的通用机场，总占地约 1100 亩，能够满足直升机及喷气机以下的小型固定翼飞机起降条件，主要由总部基地、候机楼、直升机 4S 展示中心、航油储备中心、会员机库和东西 800m 跑道构成。

一、问题的提出

（1）民用通用飞机的起源与发展。

（2）中国民用飞机与国外民用飞机的区别。

（3）成为一名合格的飞行员应具备哪些要求。

二、研究目标

（1）通过行动调查，与数据收集，走进机场，认识飞机的类别型号和民用飞机的系统开发。

（2）通过实地考察，记者采访的形式，了解中国民用飞机与国外民用飞机的区别，中国自主研发的民用飞机型号以及尖端技术。

（3）通过实践体验学习，了解如何成为一名合格的飞行员，成为飞行员的途径与要素，走进航校探究飞行秘密。

三、研究方法

1. 参观考察法

与航校老师深切交谈，虚心请教；参观飞机，进入机舱，真切的观察飞机组成，了解民用飞机的起源和发展。

2. 调研采访法

以采访的形式与飞行员面对面访谈，了解"飞行员的一天"；知道飞行员的工作内

容、资历等级、择业条件等。

3. 探究实验法

通过观看展览和模拟体验，了解航空科技的最新进展和应用领域，知道我国民用飞机和国外的区别，培养科学思维和实践能力，提高综合素质和创造能力。

四、研究方案的设计与实施

（1）设计采访任务，即要达到目的，得出的结论以访谈内容进行论证或形成新的结论。

（2）访谈的人物、职务，采访后要收集到的有效信息。

（3）围绕信息收集，设计有针对性的问题设列采访提纲，访谈后整理信息与数据，形成调研报告。

五、研究成果建议

学生通过参观、调研、采访、整理，对提出的问题有了深入了解，建议通过更为细致的任务分工，合力形成一份研学报告。

（十九）阁老峪新村镇域调研

北京国际青年营密云营地位于北京市密云区穆家峪镇阁老峪村南山，由共青团北京市委员会发起，北京北青教育传媒进行运营，始建于2013年7月。密云营地依山而建，充分利用天然资源，结合不同活动主题将营区设置多种户外区域，如德育主题活动区、爱国主义教育专区、体能与营地教育专区，还包括室内区域，如电力科技体验教室、新闻演播室、传统文化教室、安全教育教室等。区别于传统拓展营地，密云营地以培养青少年核心素养为己任，除上述常规区域与活动外，结合每年思政教育主题进行定制化主题活动。阁老峪村是密云区社会主义新农村重要代表单位，自北京国际青年营2013年与穆家峪镇阁老峪村合作建设营地以来，为阁老峪村实现文旅结合产业化经营持续贡献力量。

一、问题的提出

（1）密云作为北京市重要生态涵养区，振兴乡村的同时如何做到保水富民？

（2）文创旅游发展的方法都有什么？（例如为农民直播带货、AI技术进驻古村落民宿等）

（3）社会主义新农村如何长效保障农民利益？（从收入、医疗、住房保障进行分析）

二、研究目标

（1）采用行动调查与数据收集整理方法，引导学生主动设计采访任务、访谈提纲等，走出校园，走进社会的大课堂，实地走访，学以致用。

（2）研学课题设计将与学科深入关联：道法（社会主义制度优越性、时政热点三农成果、生态涵养区与两区建设在密云区的示范成果）；语文（古诗词、文言文）；数学（统计学、类比法）；历史（阁老峪村成因历史）；地理（密云地区水文结构、山区气候与四季变化）；生物（农业、生态涵养区生物多样性）。

（3）参与研究性学习活动的学生将以"调研员""学生记者"的身份走进绿水青山下的田间地头，探索将绿水青山转化为金山银山的方法，增强学生们建设家乡热土的主人翁意识，同时激发学生爱国、爱党、爱家乡的情怀，怀揣报国志，以饱满精神投入学习。

三、研究方法

1. 实地调查法

参观新民宿，体验全面清洁能源使用的新民居惠民工程；通过了解居民收入来源与医疗、教育等保障，切身感受社会主义制度的优越性。

2. 访谈法

采访阁老峪村委委员，了解水库移民后代家园并参观阁老峪村党史馆；走进阁老峪新村民宿，与居民进行座谈，了解水库移民后代生活情况。

四、研究方案的设计与实施

（1）设计采访任务，即要达到目的，得出的结论以访谈内容进行论证，抑或形成新的结论。

（2）访谈的人物、职务，采访后要收集到的有效信息。

（3）围绕信息收集，设计有针对性的问题设列采访提纲。

（4）访谈后整理信息与数据，形成调研报告。

五、研究成果建议

项目式学习研学不同于旅行类走马观花的研学旅行，重在设立学习任务后，用社会调研、数据收集比较等方法得出科学结论。以镇域调研为命题，旨在让学生通过系统学习任务设立，并选择适合自身情况的调研方法，形成与学生之间合作，同时进行跨学科学习。

（二十）走进人间花海，畅享花海生活

人间花海景区是以花卉种植、育苗、栽培、观赏、深加工以及粮食作物种植、管理、收获为主的农事体验教育亲子乐园和科普教育基地。景区目前是华北地区种植规模最大的花园，依托其独特的土地资源，为学校量身定制有针对性、教育性、实操性强的课程体系，进一步推进学校生态文明教育，丰富生态资源，充分发挥实践的综合育人功能。

一、问题的提出

（1）如何根据不同的土壤、气候和生态条件进行种子的选择？

（2）如何采用更为环保的方式进行病虫害的防治？

（3）土壤的肥力直接影响了作物的生长发育及产量，如何进行科学施肥？

（4）种植劳动力的减少导致无法将种植事务处理完善，那么有哪些现代化的机械工具可以加入劳动中，以提高劳动效率，节省劳动力？

二、研究目标

（1）参观园区内各类花卉，了解花卉及农作物的生长时间。

（2）讲解从播种到栽苗以及成长过程的除草，深入了解农业生产的过程和技术，领会农业种植的不易，培养节俭意识。

（3）实际体验农业种植，锻炼动手能力和实践能力，在感受农耕的过程中，培养对自然的尊敬和敬畏之心。

三、研究方法

1. 交流研讨法

凭借学生已有知识，对研究结果建立预期值。

2. 走访调研法

走访农民、花匠了解实际情况。

3. 实地观察法

结合调研结果实地考察，得到结论。

四、研究方案的设计与实施

开发农事体验园，丰富生态文明教育形式，设置农事体验园，为学生提供活动平台，创作实践机会；采用重现、具象等多种方法发掘中国农耕文化的精髓理念，加强园区建设，为学生学习农耕文化，了解文化历史及发展前景提供了一个好的场所。

（1）向学生讲解农作物以及用具，讲述传统农耕活动，通过了解农耕文明，学习农耕知识，传承传统文明。

（2）讲解种植方法，了解农事活动，普及农业知识。

（3）学生观察学习并亲手操作进行农业耕作，参与到农事体验当中，锻炼学生的动手能力和实践能力。

五、研究成果建议

学生对植物种植有了进一步认识，能够用绿植、花卉装扮教室、家庭，自主地学习更多园艺、园林知识。

（二十一）绿水青山中的中华瑰宝

仙居谷研学基地是国家4A级旅游景区、全国森林康养基地、全国自然教育基地、全国绿色课堂共享营地、中国十佳最美休闲农庄、北京中医药文化旅游基地、首都绿化美化花园式单位。仙居谷研学基地是雾灵山的一部分，雾灵山是华北地区动植物基因库，也是华北地区中草药基因库，所以仙居谷研学基地具有得天独厚的中草药资源，中草药品种达到七百多种，漫山都是中草药，满谷都是中草药资源。

一、问题的提出

（1）中草药长在什么地方？怎样识别中草药？

（2）常见的中草药有哪些？

（3）从中草药的根、茎、叶、花、果不同的位置，思考各种中草药具有什么样的药理呢？

二、研究目标

（1）通过实地参观与考察，掌握认识中草药的方法，填写中草药识别记录表，了解中草药的生长环境、加工场地、储存场地，丰富中草药知识。

（2）通过视频学习、专家讲解，掌握采集中草药的方法，提高动口、动脑、动手能力。

（3）通过深入山水间，激发学生探寻自然，探究中草药材的兴趣。

三、研究方法

1. 实地考察法

通过在仙居谷中草药材分布最典型的地段进行探查，了解中草药材基本知识。

2. 参观讲解法

通过参观中草药博物馆、中草药材晾晒场、中草药材加工场院、中草药储藏仓库遗址，进行中草材药识别、加工、储藏的研究。

3. 野外探险法

通过野外探险，进一步了解常见的中草药和学生感兴趣的中草药。

四、研究方案的设计与实施

1. 回顾问题，深入研究

（1）提出问题：深入仙居谷，走进绿水青山，这里有哪些中草药呢？又怎么采集、加工、储存呢？

（2）解决问题：查阅资料，储备知识，开展线上与仙居谷探究。

① 查阅资料：了解如何观察中草药材和中草药材分类方法。

② 集体探究：观察标本，了解外形特征及生态习性，储备中草药知识。

③ 仙居谷探究：进入仙居谷景区，现场观察、参观、记录、识别中草药材。

2. 深入仙居谷，探究其奥秘

（1）现场考察与参观，学习中草药材识别方法、加工方法、储存方法。

（2）认真观察、体验、记录仙居谷中草药材，填写中草药材记录表。

（3）采集与制作中草药材标本。

3. 设计作品，成果展示

（1）种植中草药材。

（2）学生亲手做的中草药材标本。

4. 撰写报告

（1）总结中草药材特征和生长习性。

（2）对识别中草药材进行分类。

（3）撰写调查报告。

五、研究成果建议

学生初步具备了传承中医药文化的意识，且可以创新发展，弘扬传统文化。能够撰写保护中草药材倡议书，发出弘扬中华传统瑰宝中草药倡议。

（二十二）"一带一路"话葡萄

北京邑仕庄园国际酒庄青少年研学活动基地坐落于青山绿水环抱的密云区太师屯镇，始建于2000年，总占地面积1260余亩，邑仕庄园肩负着社会责任，重视社会教育、公益活动，社会大课堂的启动，秉承着"打造孩子第二课堂"的理念。通过如何启发学生的创造力、动手能力、好奇心，给予孩子自由发展的课题研发，整合葡萄、葡萄酒、自然田园多元化，以劳作、体验为课程，让孩子在天地间领悟学问的本真，是研学旅行的不二选择。

一、问题的提出

（1）"一带一路"文化背景下，丝绸之路的意义及古代丝绸之路与现代丝绸之路的区别是什么？

（2）葡萄种植技术引进中国对土壤和气候要求及了解鲜食葡萄和酿酒葡萄有什么区别？

（3）在北京密云区种植葡萄与酿造葡萄酒产业发展格局如何？

二、研究目标

（1）通过实地参观文化馆，了解张骞出使西域的故事，探究张骞出使西域带来的影响，同时思考古代丝绸之路与现代丝绸之路的区别。

（2）研究葡萄种植园，认识葡萄品种，了解土壤和气候环境对葡萄生长的影响。

（3）体验探究密云区的核心文化，并思考密云在葡萄种植产业影响下的发展格局。

三、研究方法

1. 走访观察法

参观葡萄科普馆、葡萄种植园、葡萄酒科普馆等，了解张骞出使西域的历史故事，观察葡萄的生长环境，学习密云区种植业的发展。

2. 文献查阅法

通过文献查阅探究土壤、土层和气候环境对种植葡萄的影响。

3. 对比分析法

学习对比"一带一路"和密云区的核心特色产业，探究葡萄与葡萄酒产业带来的致富之路的原因。

四、研究方案的设计与实施

（1）教师带领学生们参观葡萄科普馆，观看古代丝绸之路纪录片，深入了解丝绸之路的历史文化。讲解张骞出使西域的故事，带领学生探究张骞出使西域带来的影响有哪些，同时思考古代丝绸之路与现代丝绸之路的区别。

（2）走进鲜食葡萄园与酿酒葡萄园，从葡萄的种植到如何收获成熟的葡萄进行学习，探究种植土壤和气候环境对葡萄的影响，进行土层分析。

（3）探究密云葡萄与葡萄酒产业核心发展，让学生认识葡萄到葡萄酒的前世今生，思考葡萄与葡萄酒产业给密云带来的经济发展。

五、研究成果建议

学生们以小组为单位，了解了密云的生态环境以及葡萄与葡萄酒产业带动的经济发展。深刻体会中华文化的博大精深，传承密云守护绿水青山、保水、兴业、富民的精神，让学生们学知识重实践，结合经济发展学会思考自身、密云、国家将来的经济发展道路。

第二节　生态文明教育课程体系

一、课程体系概述

在推进生态文明教育的道路上，各生态文明教育基地积极承担起重要的教育职责，针对中小学学生的学龄段特点精心搭建了丰富多彩的课程体系。

针对小学低年级的学生，基地设计了生动有趣的互动课程。这些课程以游戏、故事、体验等形式为主，让小学生们在轻松愉快的氛围中了解基本的知识，如植物生长、动物习性等。通过亲身体验和直观感受，小学生们能够在心中播下热爱自然、保护环境的种子。

　　针对小学高年级的学生，基地则提供了更加深入、系统的生态课程。这些课程涵盖了生态系统的基本原理、生物多样性的重要性以及人类活动对生态环境的影响等内容。通过案例分析、实地考察等方式，引导学生们思考如何在实际生活中践行环保理念，培养他们的环保意识和责任感。

　　进入中学阶段，学生们对生态文明的认识和理解需要更加深入和全面，旨在培养学生的科学素养和实践能力。因此，各生态文明教育基地为中学生量身打造了更具挑战性的课程体系。这些课程不仅涵盖了生态学、环境科学等专业的理论知识，还融入了社会实践、科学研究等元素。学生们可以通过参与课题研究、社会实践等活动，深入了解生态文明建设的现状和挑战，为推动生态文明建设贡献自己的力量。

　　此外，生态文明教育基地还十分注重课程体系的系统性和连贯性。在课程设置上，从低年级到高年级，课程内容逐渐深入，知识体系不断完善。同时，各个年级之间的课程也相互衔接，形成了完整的教育链条。这样的课程体系不仅有利于学生的全面发展，也为他们未来的学习和生活打下了坚实的基础。

　　总之，各生态文明教育基地通过搭建适合中小学学生学龄段的课程体系，为推广环保理念和生态教育做出了积极的贡献。这一课程体系不仅具有科学性和趣味性，还充分考虑到了学生的年龄特点和认知水平，在这里，学生们不仅能够学习到丰富的生态知识，还能够培养环保意识和责任感，为培养具有环保意识和科学素养的新一代公民提供了有力的支持。

　　以下为部分生态文明教育基地的课程体系，能够展示出基地是如何结合当地自然环境和资源，针对不同学龄段的中小学学生而设计出的富有趣味性和教育意义的课程体系。

二、课程体系介绍

（一）生物领域

1. 绿人中医药文化教育基地（表3-1）

表3-1　绿人中医药文化教育基地课程体系

课 程 名 称	课 程 内 容
打开中华文明宝库《中医药发展史》	1. 通过教师讲解，认识神农、神医、医祖、医圣的神奇智慧 2. 动手针刺铜人，体验人体七经八脉之相互作用的神奇治病原理
走进自然认识"百草"	1. 由药学博士讲解神农尝百草日遇七十毒的求学、求知牺牲自我的历史典故 2. 学生进入药田，通过看、闻、尝、采摘、采挖，体验药农的劳动生活 3. 采仙草带回家给父母讲解它的故事和功效，共同品尝
中药魅力之调配健康	1. 参观中草药标本 2. 互动当个小中医开药方游戏 3. 动手调配、称重、加工、制作"灵丹药"

续表

课 程 名 称	课 程 内 容
探寻"养生之道"	1. 观看中医药养生文化宣传视频,讲解中医药养生保健、防病之方法 2. 互动体验设备观看《本草纲目》电子书、操作药食同源电子书学习了解 3. 品尝本草养生茶品 4. 为父母选择一张保健养生方剂卡
现代中医药创新成果	1. 讲解现代中草药种植研究成果,参观经过太空育种野生驯化、无土栽培的中草药等 2. 了解中草药种子的采收及种植前如何加工处理,体验动手种植一盆中草药带回家去养护

2. 北京奥金达教育基地(表 3-2)

表 3-2　北京奥金达教育基地课程体系

课程名称	课程内容	课程收获
一、识蜂趣鉴蜂味		
汲取蜂识	认识蜜蜂生态结构,体验蜜蜂采蜜酿蜜过程,通过感官体验蜂蜜品质的不同	蜂舞是蜜蜂的语言。学生在此学习一项外语,更加了解蜜蜂的行为
乐享蜂趣		在品鉴蜂蜜过程中,练就火眼金睛,揪出滥竽充数份子
品鉴蜂味		了解蜜蜂酿蜜这一劳动过程的辛苦。让学生们更加珍惜劳动成果,杜绝浪费
二、操作蜂具,体验蜂舞		
与蜂共舞	现场体验抬蜂箱、摇蜜机、滚蜜桶等系列养蜂工具,了解养蜂流程,观赏(跳)蜂舞,理解蜜蜂与蜜蜂之间的交流方式,亲近自然	给学生在日后的生物学习和应用打下坚实的理论基础
操作蜂具		操作动手,让学生把脑子中所想变成真实存在,拒绝纸上谈兵
三、蜂产品 DIY 制作		
奇思妙想	蜂产品可用于制作蜡烛、香皂等物品,让学生动手参与,了解蜂产品的作用,培养学生的耐心及细心	把脑中所想在纸上展示出来,提高表达能力
妙手偶得		亲自动手制作自己喜欢的蜂蜜手工制品,让学生成就感满满

3. 欢乐松鼠谷教育基地(表 3-3)

表 3-3　欢乐松鼠谷教育基地课程体系

课程名称	课程目标	课程内容	课程收获
水库历史文化	弘扬"水库精神",引导学生了解为修建水库先辈们的付出,做一名节水、保水有责任的青少年	了解密云水库建成史,体验修建水库的艰辛	学习水库历史修建文化,坚定我们保护水的决心和信心

续表

课程名称	课程目标	课程内容	课程收获
松鼠养殖	认识不同种类的松鼠的外貌、特征和生活习惯，以及他们的分布情况，并了解松鼠的养殖条件和注意事项	认识松鼠，了解松鼠的种类、外貌特征、生活习惯和分布情况等	通过学生们与松鼠的近距离的投喂、观察，不仅锻炼了学生们的观察能力，学习能力，专注的听讲能力，同时也开动了孩子的大脑思考发散能力
彩绘松鼠制作	培养学生们对彩色艺术的兴趣和欣赏能力，提升学生们的观察力、想象力和创造力	使用园区提供的石膏松鼠画像及工具	绘画彩色松鼠提高学生们的思维能力、感知能力、审美鉴赏能力，激发学生们的想象力和交流能力，让学生们感受亲手创造的乐趣
喂孔雀	观看孔雀并喂食，感受喂养动物的辛劳，并欣赏孔雀的美	体验园区特色喂养	孔雀喂养可以让学生们近距离接触小动物，让学生们明白人与自然和谐相处的道理，倡导学生们爱护环境，保护小动物，爱护大自然，达到人与动物，和谐相处，人与自然，和谐共生

4. 蜜蜂大世界教育基地（表3-4）

表 3-4　蜜蜂大世界教育基地课程体系

课程介绍	课程内容	课程收获	适合学段
一、蜂箱原理及组装实践课			
指导教师示范并全程指导蜂箱的组装方法，学生们分组亲自动手操作，让蜂箱理论知识与实践紧密结合	观看指导教师组装蜂箱	提升信息提取能力	3～9 年级
	分组动手实操组装蜂箱	提升劳动趣味性	3～9 年级
	教师分组点评，总结优缺点	提升总结、分析能力	3～9 年级
二、蜂产品艺术制作课			
在指导教师和带队教师的指导和辅助下，完成天然蜜蜂香皂、蜂蜡唇膏、蜂蜡蜡烛、蜜蜂珑珀等手工制作	指导教师讲解注意事项并示范	培养学生的耐心和细心	1～3 年级
	亲手制作手工作品	提升学生的动手能力	1～3 年级
	作品展示，评选最优作品	增加学生的自信心和竞争意识	1～3 年级
三、果树修剪与管理			
合理的修剪不仅会让果树长得漂亮，而且会增加产量。比如去除顶端优势等，这里注意修剪残余的枝干要统一回收，不要乱剪乱扔	指导教师讲解修剪原理	认识不同工具的作用	6～9 年级
	现场示范修剪方法	熟练掌握各种的农业器具	6～9 年级
	分组讨论优点和不足	发掘自省能力	6～9 年级
四、农耕体验课			
本次活动把课堂延伸到大自然，是一次生态文明教育实践，让学生们在劳动中学会感恩和团结协作，体会到劳动的快乐，锻炼了学生们的动手实践能力，培养了学生热爱劳动的品质，促进学生全面和谐健康发展，让学生通过自身的体验去感受劳动的辛苦，更让学生们感受到了丰收的喜悦			

（二）农业领域

1. 北京奥仪凯源教育基地（表3-5）

表3-5　北京奥仪凯源教育基地课程体系

课程名称	课程内容
参观草莓科普馆	学生通过活动了解草莓的知识，了解草莓的文化，并对草莓植物学特征的了解与掌握；结合科普馆内文字、图片、展板讲解草莓的种类、草莓的发展历史、中国草莓的发展现状、草莓植株的奥秘、立体栽培草莓的优点、草莓的营养成分、草莓的价值等等；激发学生们善于观察身边的植物，爱护植物的意识
观看草莓科普短片	学生通过活动了解草莓知识，草莓的种类，草莓的种植要求；引领学生探索植物栽培、生长的过程，激发学生种植植物的乐趣，在课外可以栽种一些植物，观察其生长状态
体验草莓VR	学生了解虚拟现实技术（VR）了解科技的创新魅力，能够进行草莓VR的体验操作；通过动画、文字、语音向学生讲解草莓形态特征、生长习性、繁殖方法、栽培技术、主要价值等。学生还可以利用手柄进行操作，体验草莓的种植过程、了解草莓常见的病虫害，从而让学生们认识到农作物的成长不易，宣传环保理念，提倡对环境的保护重要性
实践种植草莓盆栽	学生学习草莓栽种技术，拓展了解草莓的种植技术，提高学生的动手能力，培养学生的即兴创作能力，增加学生的自信心；学生根据教师的讲解进行操作，指导教师会辅助学生完成栽种过程，制作完成的草莓盆栽可以带回去，在家中观察草莓成长、开花、结果的过程
体验农耕	学生通过活动了解农耕的意义，体验农民劳动的辛苦，珍惜劳动成果；认识中国土地的测量单位，了解中国的农耕文化，体会了劳动人民的辛苦

2. 康顺达生态园教育基地（表3-6）

表3-6　康顺达生态园教育基地课程体系

课程名称	课程内容	能力培养	适合学段
农场初体验	参观农机农具、温室大棚，作物栽培，学习农具的使用和功能	农业科普认知教育	1～4年级
小小饲养员（爱心喂养）	认识常见家禽（鸡鸭鹅），小兔子、羊，了解进食性及食料组成	生活常识认知教育	1～4年级
昆虫总动员（标本展览）	参观农业昆虫（害虫、益虫）标本展厅，观看科普教育视频，初识农田里的益虫害虫	农业科普认知教育	1～4年级
打场脱粒	指导教师演示稻谷脱皮、玉米脱粒的机械运作，使学生体验玉米脱粒等农事劳动	动手能力农事劳动	1～4年级
石磨豆浆体验	了解豆腐的衍生历史，石磨豆浆的研磨工序，并实际动手体验磨豆浆	民俗体验动手能力	1～4年级
爱心阳台盆栽	参观育苗温室，了解常见农作物生物习性，栽培技巧；栽种一株作物，美化绿化家庭阳台	农趣培养动手能力	1～6年级
五谷种子画	结合视频材料，种子与实物果实对比；借助放大镜，观察种子形态（大小、颜色、形状），完成一幅种子画	农趣培养动手能力	3～6年级

续表

课 程 名 称	课 程 内 容	能力培养	适合学段
二十四节气方阵	参观园区二十四节气长廊的景观墙、背诵节气歌；了解节气时间、特征以及节气里农事操作，摆拼节气方阵	农业科普认知教育	3~6年级
环保书签制作	农场植物种类繁多，资源丰富，学生可采摘叶片、花朵素材，在教师的协助下，利用封膜机、纸张、胶水完成环保书签的制作，记录金秋北京	动手能力 美学培养	3~6年级
整地做畦（趣味农耕）	学习使用常用农具，翻地、整地、做畦、学习使用种子点播器，完成玉米播种	农趣培养 动手能力	3~6年级
运粒归仓	学生体验独轮车、扁担等简单易操作的传统农业运捡工具	动手能力 平衡感	4~9年级
小小粉刷匠（果树涂白）	了解果树害虫的危害及特征、果树涂白的意义；在指导教师带领下，每3~5名学生完成1~2株果树防虫涂装工作	农趣培养 动手能力	4~9年级
地板冰壶体验	进行冰壶竞赛项目，体验冰壶乐趣	劳逸结合 地域特色	4~9年级
土里创金（拔花生）	学生参与拔花生采摘活动，体验丰收的乐趣，培养学生的动手能力	农趣培养 动手能力	4~12年级
做畦定植（科普农耕）	指导教师选取一种作物（黄瓜或者西红柿），根据林行距布置任务，学生整地做畦定植	学科融合 动手能力	7~9年级
水果发电站	根据手中材料，按照图例自己操作进行小实验，让果蔬发电，并初识一些物理知识	学科融合 动手能力	7~9年级
小种子大梦想	观察种子，了解不同种子大小形态特征，由农耕生产引出需种设概念，进而引出种子"千粒重"概念，测出几种常见的主粒千粒重	学科融合 探究思维	7~9年级
比比谁最甜（水果糖度测定）	了解光的折射原理，学习折光糖度仪、数显糖度仪的使用技巧，准确进行水果糖分速测。低年级数显仪器，高年级折光仪器	学科融合 探究思维	7~9年级
温室结构搭建	了解阳光的折射、漫反射、温室保温原理、温室构造。4~6名学生一个小组，分工协作完成温室模型搭建工作	农趣培养 动手能力	7~12年级
滴灌带的连接	了解和学习滴灌带的供水方式以及布置要求，布置打孔、连接工作，学生制作好的滴灌带连接供水主管上，放水检验制作成果	学科融合 动手能力	7~12年级
蔬菜变形记（果蔬包装）	植株可食用部分展示、果蔬保鲜要求、卫生管理、熟悉包装材料、做好卫生防护，果蔬包装体验	收获喜悦 动手能力	7~12年级
天地之间有杆秤	秤的演化史、杠杆原理、称重方法，称重仪器使用，以3~4名学生为一个小组，分工协作，制作一把简易杆秤	学科融合 动手能力	7~12年级
甜蜜"薯"于你	以班级为单位，在划定的地块中采挖甜蜜薯，采收结束后进行评奖，如薯块最大、总重最高、环境卫生等奖项	收获喜悦 动手能力	7~12年级
柴火蒸蜜薯	以班级为单位，每个班级一口锅，十五斤甜蜜薯，分工协作，切薯块、刷锅布灶、拾柴生火、薯块上屉，等待蜜薯熟制	分工协作 动手能力	7~12年级

3. 北京天葡庄园教育基地（表 3-7）

表 3-7　北京天葡庄园教育基地课程体系

课程分类	课程名称	课程内容	课程收获	适合学段
手工体验	变废为宝	利用园区废酿酵素弃果皮杂草自制酵素	切身体会废物利用的成就感；培养环保理念与技能；了解生物发酵的相关知识；锻炼动手能力	1~9 年级
	花花草草	寻找园区有能治病药用价值的植物	认识园区有药用价值的植物；了解相关的中医药基本知识；对传统文化中"天人合一"的理念有直观感受；培养观察细节的能力	1~9 年级
	扎染—任性而美丽	利用葡萄皮染色制作扎染小手帕	了解扎染的历史和传统工艺，欣赏传统工艺手作蕴含的人文温度和扎染作品本身的独特美感；锻炼动手能力；培养对色彩的鉴赏和对图案的想象能力	1~9 年级
	自制温暖小蜡烛	自制香蕉蜡烛	锻炼动手能力；感受科学与生活结合的魅力；学会使用温度计；了解熔点、凝固和挥发的相关知识	5~9 年级
	小小酿酒师	体验自酿红酒	锻炼动手能力；了解与把握果粒与糖的比例；了解红酒历史与文化以及红酒的保健价值；体验自酿红酒的成就感；获得新的职业体验，开阔眼界，帮助学生探索发现自己的兴趣与职业倾向	1~9 年级
农事体验	绿色栽培知多少	扦插葡萄幼苗	了解绿色农业标准；基本掌握葡萄幼苗的扦插技术	1~9 年级
	我给葡萄理理发	修剪多余的葡萄须	了解葡萄园当季农事；了解葡萄生长和管理规律；锻炼动手能力；培养热爱劳动的美好品质	3~6 年级

4. 蔡家洼学生实践体验基地（表 3-8）

表 3-8　蔡家洼学生实践体验基地课程体系

课程名称	课程内容	课程收获	适合学段
农作物认知与收获	以班级为单位，每班划分 60m² 地块，学生置身在真正的田地里，了解种植过程和采收要领，掌握要领后亲手采收农作物	通过学生们亲自采收过程，让学生们感受到粮食种植的不易，真正理解"粒粒皆辛苦"的含义	1~9 年级
农事体验	以班级为单位，每班划分为 3~5 个小组，每个小组轮流进行挑扁担、推独轮车、磨玉米的劳作体验	了解各种传统农具的作用，在参与学习锻炼的过程中体会劳动带来的快乐，锻炼独立生活能力	1~9 年级
走进自然	景区环境优美，自然植物种类多，以班级为单位，通过健步走的过程中了解各种植物的名称、生活习性以及生长周期	利用玫瑰园景区丰富的自然资源，进行植物辨别教学，实现课本内与课本外知识点相结合的教育方式	1~9 年级
手工体验	绘制草帽，每班分为 3~5 组，在草编的草帽上尽情绘画	通过手工项目培养学生的动手能力、拓展创新思维提升学生审美意识，同时也提升了学生的艺术修养	1~9 年级

5. 极星农业科技园教育基地（表3-9）

表3-9 极星农业科技园教育基地课程体系

课程分类	课程名称	课程收获	适合学段
现代农业	种在空中的植物（无土栽培）	体验幼苗的移栽工作，认识什么是基质、花盆底部孔洞的作用是什么，移栽好的幼苗带回家悉心照料可以结出美味的劳动果实	1~7年级
	提高番茄产量的秘密（番茄苗嫁接）	体验番茄苗的嫁接过程，认识嫁接工具、了解嫁接后如何让番茄苗成活	5~9年级
	无土栽培植物的营养从哪来（营养液配制）	按照植株生长的需肥规律配制营养液，学习营养液的使用方法	7~9年级
	体验包装流水线	好的产品需要好的包装来提高销量，通过设计包装封面、体验包装流程，让学生认识到包装的重要性	3~7年级
传统农业	四季农事活动	春种夏管秋收冬藏，深入了解作物生长规律、土壤管理、病虫害防治等关键知识，通过实践操作掌握田间管理技能，为从事现代农业生产和研究打下坚实基础	1~9年级

（三）生态领域

1. 长峪沟自然教育及森林疗养示范基地（表3-10）

表3-10 长峪沟自然教育及森林疗养示范基地课程体系

课程名称	课程内容	课程目标	适合学段
夏季开花植物调查	学习观察植物的技巧，了解植物调查的方法，掌握植物工具书的使用方法	1.知识：了解各种动植物知识，拓宽学生的知识面 2.能力：锻炼学生的探索能力、观察能力、动手能力、与人合作能力，培养学生的耐心与细心 3.情感态度与价值观：激发学生对自然的热爱，提高学生爱护动植物、保护生态环境的意识	1~6年级
常见访花昆虫调查	学习使用捕虫网，观察访花昆虫的形态特征和访花特点，了解其与植物的关系		1~6年级
昆虫标本的制作	了解昆虫的身体结构、行为特征，掌握昆虫标本的制作技巧		1~6年级
蝴蝶及寄主植物调查	学习蝴蝶的生活史，调查蝴蝶及其寄主植物，分析昆虫与植物的关系		3~6年级
鸟类观测	了解鸟类的身体结构、观鸟技巧，观察鸟类行为，探究鸟类的生长状况		3~6年级
认识地质现象	了解长峪沟的形成原因，观察地质现象，了解岩石种类		3~6年级
红外相机应用	了解红外相机的工作原理，学习红外相机使用的注意事项，掌握红外相机的安装方法		3~6年级
播种绿色希望	了解森林生态系统的作用，学习树木栽种的技巧及养护注意事项，实地植树体验		全学段

2. 云蒙山景区（表 3-11）

表 3-11　云蒙山景区课程体系

课程名称	课　程　内　容	适合学段
黑龙潭寻踪	沿黑龙潭步行栈桥，探访明代古刹黑龙庙，游三瀑十八潭，春花、秋月、平沙、落雁、曲、叠、沉、悬潭等十八个名潭散落在幽深的峡谷里	1～3年级
云蒙山全貌	乘坐缆车一览云蒙山全貌，提高保护生态环境意识	3～6年级
北齐长城/明长城参观	了解北齐长城和明长城的历史背景、建筑特点及其在中国长城史上的重要地位；初步认识中国古代军事防御工事和建筑技术	1～6年级
密云水库	远观密云水库，了解密云水库历史	1～9年级
喀斯特地形地貌参观	参观喀斯特地形地貌，领略生物多样性（维管束植物420种，昆虫230种，大型真菌78种，野生鱼类7种，两栖爬行动物）	7～9年级
云蒙山国家地质公园	了解云蒙山国家地质公园其独特的云蒙山变质核杂岩构造；学习变质核杂岩构造形成过程及其地质意义；知道云蒙山变质核杂岩构造是全国最早（20世纪80年代）被发现的变质核杂岩，且在我国和世界上得到广泛认同的三处变质核杂岩之一	7～9年级

（四）科技领域

1. 北京密云穆家峪通用机场教育基地（表 3-12）

表 3-12　北京密云穆家峪通用机场教育基地课程体系

课程介绍	课　程　内　容	适合学段
	一、机场认知百科	
了解机场概念，理解机场的作用和用途，掌握机场的组成、功能等，对机场有全面的认识	机场的概念、分类	1～6年级
	机场的作用、用途	7～9年级
	机场的组成、功能及运营模式	10～12年级
	二、安全科普课	
了解机场安检及安检相关知识，学习乘机相关礼仪，掌握安全应急救护的方法	机场安检及安检知识普及	1～6年级
	乘机礼仪及安全知识科普演示	7～9年级
	安全应急救护讲解及演示	10～12年级
	三、航空实验室	
锻炼学生们的动手能力和感知能力，让学生真正感受到物理来源于生活，认识到保护好视力的重要性等知识	实验一：手工飞机设计师	1～6年级
	实验二：螺旋桨动力实验	7～9年级
	实验三：飞机发动机引擎模拟实验	7～9年级
	实验四：飞机升力原理风洞模型实验	10～12年级
	实验五：飞行员视力测试	1～12年级
	四、真机探索课	
近距离观看直升机，区分飞机种类，学习了解直升机和固定翼的概念和区别，掌握飞机结构及飞行原理	直升机、固定翼飞机的概念和区别	1～6年级
	直升机、固定翼飞机的结构	7～9年级
	直升机、固定翼飞机飞行原理	10～12年级
	模拟仓体验	1～12年级

续表

课程介绍	课程内容	适合学段
五、航空科普展		
了解航空文化相关知识，树立航空梦想，感受中国航空领域的骄傲，树立航空强国信念	世界飞机发展史、中国飞机发展史	1~6年级
	中国智慧机场、飞机分类	7~9年级
	中国大飞机、如何成为飞行员	10~12年级
	航空科普观影初级版	1~6年级
	航空科普观影空军版	7~12年级
六、科技实践劳动		
锻炼学生的协调能力和灵活力，并掌握无线电语言密码，全面提高学生的身体素质	手抛无动力飞机比赛	1~6年级
	信号代码传输	7~9年级
	飞行阻力伞拓展	10~12年级

2. 蓝山文化园教育基地（表3-13）

表3-13 蓝山文化园教育基地课程体系

课程名称	课程内容	适合学段
课程一：科技		
工具使用	教会学生会使用恒温焊台、会使用万用表、会接线	3~9年级
电子元器件认识与生活中的应用	常见元器件认知、基础电路搭建、元器件特性实验	3~9年级
生活中的电路	通过实验验证串并联电路特点及电压、电流和电阻间的数学关系	7~9年级
环保创意	节能灯	3~9年级
人工智能	计算机基础、电子信息基础、智能科学基础	7~9年级
课程二：传统木艺		
人文历史	工具演变历史	3~9年级
工具基本操作	会切割、会打磨、会拼接、会测量	3~9年级
创意木艺	废木料利用、制作木屑花	3~9年级
思维训练	会设计、能绘图	3~9年级
木艺建造	非遗技艺、古代战车搭建	7~9年级
课程三：法治		
劳动法与法同行	劳动法前期、确立期和转变期	3~9年级
为劳护航	民法典典型案例	3~9年级
课程四：安全		
家庭劳动安全	家庭劳动安全隐患	1~9年级
课程五：体验		
内务整理	学会更换床单、被罩，寄宿生活体验	1~9年级
能干的帮厨	根据时间节气设置课程内容，如包饺子、揉元宵、粽子等	1~9年级
课程六：竞技		
优秀评比	通过劳动技能学习，开展劳动成果展示及评比	1~9年级
课程回顾	对当日学习成果进行回顾总结，加深学习印象	1~9年级
劳动运动会	还原劳动场景，如插秧比赛、挑担子比赛等	1~9年级

3. 北京市密云区职业学校教育基地（表3-14）

表3-14　北京市密云区职业学校教育基地课程体系

课程名称	课程内容	适合学段
传统手工香牌制作	香牌是依照传统香方，采用多种天然香药配以黏合剂，调和后以刻有装饰图案的模具压制而成的。一端有小孔，便于系上中国结等其他配饰，可以佩戴、悬挂室内，或放在衣橱中。香牌气息清晰令人心旷神怡，平时戴在身上，可以熏衣、香体、防虫，男女老少皆适用。随身闻玩，可通经活络、安神养心，教师指导学生制作香牌并认识到其作用，传承传统技艺	5~6年级
小厨房大作为（豆腐制作）	了解豆腐的营养价值以及小石磨、纱布、磨具、筛网、纱布袋等工具的使用方法，掌握豆腐制作的传统工艺；感受我国悠久的豆腐文化、精湛的豆腐制作工艺以及劳动所带来的快乐；体会"心急吃不了热豆腐"，感受劳动的来之不易，树立珍惜粮食、爱惜粮食传统美德	3~9年级
环保小达人（手工编织）	环保的意义在于每天，而不是某一天。教师指导学生亲自制作一个美美的环保袋，并钩织出绿植图案，时尚的同时更让很多人看到了"你的行动"。使学生认识到多一次使用，就是对环保多一份贡献	7~9年级
我是汽车小行家（汽车模拟驾驶）	使学生了解汽车驾驶的基本原理，熟悉驾驶汽车的主要操作机构及操作方法，通过模拟练习，感受汽车驾驶的乐趣，在封闭、安全场地驾驶新能源小汽车，体验驾驶汽车的乐趣；使学生感悟知行合一的真谛，体验成功的快乐，增强交通安全意识和遵守交通法规意识	7~9年级
让子弹飞（数控车床加工技术）	智能制造是全球制造行业的发展趋势，也是国家增强国防力量的重要保障；本课程是在数控车间完成"子弹"模型加工，在这里你将用计算机软件设计、绘制子弹图纸，在数控机床上，你将输入子弹的加工程序，操作机床设备制作出子弹模型；体验机械设计者的工作氛围和车间工人的工作环境和劳动状态，同时感受机械行业严谨、认真的工作态度，激发学生追求工匠精神	7~9年级
科技智慧开启精彩人生（计算机维修师）	当飞机飞向蓝天时，是什么指挥着它呢？当火箭上天时，它又是通过谁的指挥沿着既定的轨道前进的呢？计算机为科技带来伟大变革的同时，也在影响着我们的生活，想不想真正了解计算机呢？想不想自己动手组装计算机呢？本课程教师将指导学生学习计算机的工作原理，了解计算机的内部结构，独立完成计算机的组装，提高实践动手能力，掌握一技之长	5~9年级

4. 北京国际青年营教育基地（表3-15）

表3-15　北京国际青年营教育基地课程体系

课程主题	课程内容	课程目标	课程收获
博物通识	果树识别、气候与农业、植物画制作、植物中的诗词	劳动是发现世界、发现知识的先决条件	1. 从培养初步的劳动技术到养成完整的生态文明观念，融入生态文明教育，帮助学生形成全面的生态文明素养和环保意识 2. 从生态文明教育过程中引导学生培养创新生态思维能力，使学生养成良好的劳动习惯和品质，从而积极参与到保护环境的行动中来 3. 培养学生开展跨学科实践能力，使学生具备将科学技术运用到生态保护和可持续发展中基础素养
农耕劳作	户外搭建、野炊、树木剪枝、耕地打垄、树叶堆肥、循环利用	劳动是人类特有的创造使用价值的行为	
劳动手造	活字印刷、传统美术体验、木工制作	在传统劳作中体会中华文明之美	
职业体验	新农村访谈、电气新能源、模拟发布会	美好生活是各行各业的劳动者创造的	

（五）传统文化领域

北京传统插花博物馆教育基地课程体系见表 3-16。

表 3-16　北京传统插花博物馆教育基地课程体系

课程名称	课程内容	课程收获
创作传统插花作品	学习传统插花的知识及技法	使学生感悟到传统文化的博大精深，从而唤醒爱祖国、爱人民的情感，增强文化自信，同时提高了学生的动手实践能力和鉴赏、审美能力
绒花棒手工编花	用绒花棒进行手工制作，编织多种花艺造型	在创作过程中，掌握基本编织技巧，提高动手能力，培养创新意识及审美能力
花束包装	学习花束的包装技巧	花束包装与传统文化相结合体现出其独特的韵味，中国自古就有爱花、养花、插花的习俗，通过学习花束的包装技巧提高学生的动手实践能力和鉴赏、审美能力
多肉微景观造景	使用各种工具完成微观造景	在过程中了解多肉的特性和种类，通过观察，探索植物的奥秘，感受自然之美，学习多肉坚强不屈的精神
兰花景观制作	学习兰花知识及其历史文化背景制作兰花景观	通过景观制作，感悟兰花与花器的融合之美，通过学习兰花知识及其历史文化背景，领悟做人要有百折不挠勇敢顽强毅力，要有兰花那样的高尚品质

第三节　活 动 展 望

在未来进行生态文明教育活动时，不仅要继续深化已有的活动内涵，更要紧密结合学校的特色与教育资源，打造出更具创新性和独特性的生态文明主题教育活动。

深化已有生态文明教育活动的内涵是生态文明教育的基石。要回顾过去的生态文明教育活动，总结经验教训，挖掘活动的深层意义，确保它们能够持续地引导师生树立绿色、低碳、循环的生态文明理念。这些活动不仅要让学生明白保护环境的重要性，更要让他们在实际行动中践行这一理念，形成良好的生活习惯。然而，仅仅深化已有活动的内涵是远远不够的。我们需要紧密结合学校的特色与教育资源，创新活动的内容和形式。学校作为教育的殿堂，每一所学校都有其独特的文化和历史背景。在生态文明教育活动中，我们要将这些独特的元素融入其中，使活动更具学校特色。同时，我们还要充分利用学校的教育资源，如实验室、图书馆、实践基地等，为学生提供更多的实践机会和更广阔的学习平台。

在创新活动的内容和形式方面，我们可以尝试开展多种形式的实践活动。例如，可以组织学生进行校园绿化、垃圾分类等实践活动，让他们在实践中亲身体验生态文明建设的成果；我们还可以利用现代科技手段，如虚拟现实、增强现实等，为学生呈现一个更加生动、逼真的生态环境，让他们更加深入地了解生态文明的重要性。

同时，我们还需要注重活动的可持续性。生态文明教育不是一时的热潮，而是一项长期的工作。我们要确保活动能够持续地进行下去，形成长效机制。为此，我们需建立起生态文明教育活动的评价体系,对活动的效果进行定期评估,并根据评估结果及时调整活动内容和形式。我们要加强师生对生态文明教育的认识。教师是活动的组织者和引导者,他们的生态文明素养和教育能力对活动的成功与否起着至关重要的作用。因此,我们要加强师资队伍建设,提高教师的生态文明素养和教育能力。

总之,面对未来生态文明教育活动的规划与发展,我们需以更加广阔的视野和前瞻性的思维,不仅要回顾和总结现有活动的优缺点,更要将学校的特色与教育资源深度融合到生态文明教育之中。这就要求我们对已有的生态文明教育活动进行深入剖析,明确其成功之处与改进空间,同时紧跟社会发展的新趋势,满足学生不断变化的成长需求。

第四章 北京市密云区生态文明教育活动推展

第一节 密云区义务教育学校

学校作为教育的重要场所,承载着培养下一代的重要使命。截至 2023 年 6 月,密云区的行政区划包括 2 个街道、17 个镇以及 1 个乡。据统计,密云区全区范围内共有中小学学校 49 所,这些学校遍布于密云区的各个区域(图 4-1)。其中,鼓楼街道和果园街道是学校分布较为密集的区域。

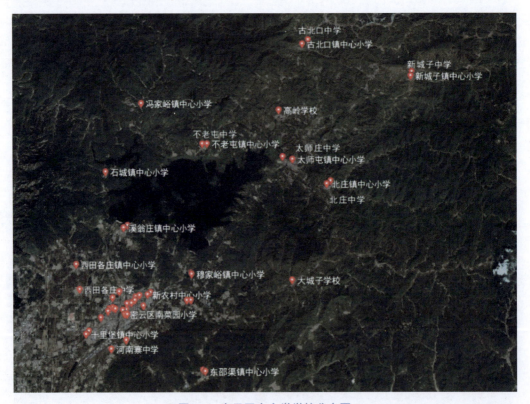

图 4-1 密云区中小学学校分布图

为了更直观地展示密云区各中小学学校与生态文明教育资源之间的地理位置关系,我们制作了一张详细的地理位置图(图 4-2)。这张图不仅清晰明了地标注了各学校的具体位置,还准确标出了生态文明教育基地的分布情况。通过该图,能够直观地了解到学校周边可利用的教育资源，包括各类生态园、国家森林公园、科技示范区等生态文明教育基地。这些基地不仅能够为学生提供丰富的实践学习场所，也为学校开展生态文明教育提供了有力的支持。

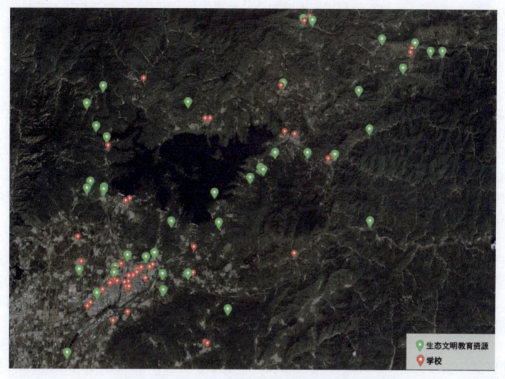

图 4-2　密云区中小学学校及生态文明教育资源分布图

学校可以根据自身的地理位置，结合自身的教学需求和特点，合理规划课程内容和教学活动，充分利用周边的生态文明教育基地资源，优先选择距离较近、资源丰富的生态文明教育基地进行合作与交流。如通过组织学生前往附近的国家森林公园进行实地考察，或组织学生前往教育基地参观学习、开展实践活动等方式，让学生亲身感受大自然的魅力，了解生态保护的重要性；还可以组织或者邀请生态文明教育基地的专家来校进行讲座，为学生传授生态环保知识，提高他们的环保意识。我们期待各学校能够充分利用这些资源，深入挖掘这些资源的潜力，将其融入日常教学中，为学生们营造一种沉浸式的、充满活力的学习体验，创造更多丰富、有趣、有意义的生态文明教育体验。

第二节　课程活动推广

一、密云区资源利用

在深化生态文明建设的时代背景下，中小学学校对生态文明教育的重视已提升至前所未有的高度，这需要我们精心策划生态文明教育活动课程，致力于将生态环保的理念深深植根于每一位学生的心中。为深入贯彻这一教育理念，密云区青少年宫积极迈出实质性的步伐，与众多生态文明教育资源点建立了稳固的联系。首先从学校出发，将其与周边的生态教育资源紧密联动。充分利用密云区丰富的资源，如森林、湿地、野生动植物、密云水库等，不仅充分利用了当地独特的地理优势，更确保了教育内容与本地实际紧密相连，让学生在亲身实践中感受大自然的魅力，在真实的环境中深刻感受到生态文明的独特魅力，从而增强对生态文明重要性的认识。

各学校开始组织在附近的生态文明教育点位开展一系列生态文明教育活动，充分利用本区已有的教育资源，如科技示范区、农业科技园、植物生态园等，进行生态考察、野外实习、环保讲座、社会实践和志愿服务等活动，无论是广袤无垠的自然风光，还是独具特色的生态农业实践基地，都可以成为学校开展生态文明教育活动的宝贵资源，为学生们提供了丰富的学习资源和平台。通过这些活动，学生们能够系统地学习生态文明知识，了解环境保护的重要性，还可以在亲身体验中深化对生态文明理念的理解，感受自然之美，领悟生态之道，进一步激发他们热爱自然、保护环境的热情。

同时，为了全方位、多角度地推进生态文明教育，各学校并不仅限于利用附近的资源点位。密云区青少年宫将发挥其在组织、协调方面的优势，积极组织各学校逐步将生态文明教育的触角延伸至密云区的各个角落，广泛挖掘和整合密云区内丰富多样的资源，从茂密的森林到清澈的溪流，从丰富的野生动植物到农业科技示范区，每一个区域都蕴含着生态文明教育的宝贵素材。

密云区青少年宫积极挖掘并利用密云区域内的生态文明教育资源，为青少年打开一扇探索自然、理解生态的窗户。通过系统的课程设计，让青少年们学习到生态文明领域的理论知识，这些知识不仅涵盖了环境保护的基本原理，还涉及了可持续发展、生物多样性保护等多个方面。这让青少年们逐渐建立起对环境保护的深刻认识，形成积极向上的生态观念。

二、青少年宫宫内外协同合作

通过一系列活动的开展，我们希望让生态文明教育不再局限于课堂和校园，而是真正融入学生的日常生活中，在实践中培养学生的生态文明意识。学生们在课堂上学习到的生态文明知识，在实践中得到了深化和巩固，逐渐内化为他们的行为准则。无论是参观当地的自然保护区，还是参与社区的环保志愿服务，学生们都能够在实践中学习和成长，逐渐形成正确的生态文明观念和行为习惯，成为推动生态文明建设的重要力量。

在青少年宫的引领、各学校的积极参与以及社会各界的广泛支持下，这种全面的教育方式不仅能够提高学生的综合素质，也为密云区的生态文明建设注入了新的活力，同时推动了生态文明教育在全区范围内的深入开展。我们期待一定能够共同构建一个充满生机与活力的生态文明教育体系，为打造绿色、生态、和谐的密云区奠定了坚实的基础。

第四章 北京市密云区生态文明教育活动推展

同时，为了让青少年能够更直观地感受生态文明的魅力，密云区青少年宫积极整合资源，与北京市内其他区域的生态文明教育资源进行协同合作，期望通过引进科研院所、高校等机构的专家资源，开设一系列富有实践性和启发性的专家课程，可以拓宽青少年们的视野，激发他们对生态领域的浓厚兴趣。

青少年宫注重宫内外协同合作，与学校、科研院所、国家重点实验室等机构建立了紧密的合作关系，共同为青少年们打造一个全方位、多层次的生态文明教育平台。通过这一平台，可以选拔并培养一批在生态领域具有未来领军潜力的青少年。他们不仅具备扎实的理论基础，还具有较强的实践能力和创新精神，为我国的生态文明建设贡献着青春力量。接下来将对一些不同生态文明教育领域创新人才培养资源单位进行介绍（表4-1）。

表 4-1　生态文明教育领域创新人才培养资源单位

序号	单 位 名 称	分　　类
1	北京大学地质博物馆	地质
2	北京科技大学百年矿业文化传承基地矿石展厅	地质
3	中国地质大学（北京）博物馆	地质
4	北京荣创岩土工程股份有限公司	地质
5	清华大学标本馆	动物
6	北京大学生物标本馆	动物
7	中国农业大学动物医学标本馆	动物
8	首都医科大学中医药标本馆	动物
9	中国农业大学昆虫博物馆	动物
10	北京建筑大学大兴校区教学科研基地	建筑
11	北京建筑大学建筑馆	建筑
12	北京中医药大学中医药博物馆	医药
13	北京市食品营养与人类健康高精尖创新中心	医药
14	首都医科大学附属北京儿童医院	医药
15	拜耳医药保健有限公司	医药
16	中国医学科学院	医药
17	国家电网公司北京电力医院	医药
18	北京航天总医院	医药
19	北京汉典制药有限公司	医药
20	中国农业大学饲料博物馆	饲料
21	北京科技大学自然科学基础实验中心	自然环境
22	清华大学环境学院	自然环境
23	中国科学院青藏高原所	自然环境
24	北京林业大学博物馆	林业
25	北京林业大学草业科学与技术学院	林业
26	北京农林科学研究院	林业

续表

序号	单位名称	分类
27	北京航空航天大学航空航天博物馆	航空航天
28	北京航空航天大学工程训练中心	
29	中国航天科工第三研究院	
30	中国航发北京航空材料研究院	
31	中国航空工业集团有限公司	
32	北京电子科技职业学院航空技术科普体验基地	
33	北京交通大学大学生机械博物馆	交通
34	北京交通大学交通运输科学馆	
35	北京电子科技职业学院非遗文化体验基地	非遗文化
36	中国科学院大气物理研究所	大气
37	北京市丰台区气象局	
38	中国科学院	高校院所
39	中国科学院遗传与发育生物学研究所	遗传
40	中国信科集团	科技
41	北京百度网讯科技有限公司	
42	真点科技（北京）有限公司	
43	中关村科技园区昌平园	
44	北京海聚博源科技孵化器有限公司	
45	北京智农天地网络技术有限公司	

（一）地质领域

1. 北京大学地质博物馆

北京大学地质博物馆从成立之初就明确了建设科研型博物馆的目标，其依托北京大学地质学系，开展了大量特色、前沿性的研究，积累了一大批物种载名标本，成为集标本展示、科研及学术交流、教学、科普活动于一体的多功能文化教育场所。馆内收藏的标本主要为本校师生在国内外各地科研、教学实习等野外工作中采集所得，以及校友、国际友人等馈赠的来自苏联、美国、法国等十多个国家的标本。

北京大学地质博物馆燕园大厦一层展陈主题为"地球与人类过去、现在和未来"，以精美、独特的岩石、矿晶、古生物标本，辅以智能化、数字化技术和设备，展示我国在地球科学和空间科学方面取得的成果和前沿进展。在这里，学生可以从形态各异的矿物晶体、变形的岩石标本中领略大自然鬼斧之神奇，从栩栩如生的古生物化石标本中探寻生物演化之脉络。

2. 北京科技大学百年矿业文化传承基地矿石展厅

北京科技大学百年矿业文化传承基地矿石展厅以矿业、地质、土木等学科实践教学为目的，收藏、展出矿物、岩石、矿石标本千余件。展厅藏品汇集了北京科技大学矿业、地质学科建立近百年来本校师生所收集、整理、采购的珍贵地质标本以及本校校友及教师的慷慨捐赠。此外，展厅还着重展示了北京科技大学百年矿业学科的发展历程及辉煌历史。

3. 中国地质大学（北京）博物馆

中国地质大学（北京）博物馆始于 1952 年，有地球科学、恐龙、地球与生命的历史、地球物质、临展 5 个展厅。荣获首批全国科普教育基地、北京高校博物馆联盟理事长和秘书长单位、国土资源科普基地等称号。馆内有 5000 余件岩矿、化石展品，具备系统、全面、典型、代表性等特点。这些展品来自我国及 40 多个国家，主要由野外采集、继承、捐赠和本馆购置等。

4. 北京荣创岩土工程股份有限公司

近几年来，该公司先后完成了基坑支护、降水、止水帷幕、地基处理及桩基工程（CFG 桩、水泥土桩、高压旋喷桩、振冲碎石桩、夯扩桩、预应力管桩、旋挖灌注桩、人工挖孔桩、强夯、静压注浆、抗浮桩等）、山体高边坡支护等各类岩土工程施工任务 200 余项，并参建了奥运、京沪高铁、京石客专、石武客专、武咸客专、哈大齐客专、北京地铁、大连地铁、大西客专等 20 余项国家和地区级大型项目，得到了业主、总承包、监理等各方一致好评。公司设备力量雄厚，拥有旋挖钻机、长螺旋钻机、潜孔锤钻机、夯扩钻机、潜孔冲击钻机、挖土机、铲车、吊车等大型岩土工程机械设备 60 余台套。

（二）动物领域

1. 清华大学标本馆

清华大学标本馆是清华大学生命科学学院收藏和展示动植物标本，也是开展宏观生物学教育的教研和科普机构。目前场馆设有昆虫展区、软体动物展区、哺乳与两栖爬行动物展区、鸟类与海洋生物展区和植物标本室，藏有多件精美标本。

2. 北京大学生物标本馆

2013 年，北京大学重修生物标本馆，面积近千平方米。一层为动物多样性展区，二层为植物标本及生物演化展示，地下一层为各类供教学和研究用标本的保存和收藏。目前馆藏六万多份采集于中国各地的各类动植物标本。此外，还藏有少量来自日本、朝鲜以及苏联时期莫斯科大学交换或赠送的标本。

3. 中国农业大学动物医学标本馆

中国农业大学动物医学标本馆建有两大空间、六大展区，两大空间为现实标本馆和虚拟标本馆，六大展区从生命之初、生命之本、生命之容、生命之彩、生命之殇到生命之托，依次展示了被皮标本、组织胚胎系统、运动系统、呼吸消化系统、泌尿生殖系统、神经内分泌系统、感官系统、病理标本、寄生虫标本和中兽医标本。现馆藏剥制标本、骨骼标本、塑化标本等 11 种类型、近万件标本。每个标本都有属于自己的二维码，大部分已完成数字化。

动物医学标本馆是集标本保藏、教育教学、学术研究、科普宣传和文化交流于一体的综合性展馆，配有专职工作人员和专门的管理制度。自 2021 年 7 月开馆以来，面向公众开展了群众性、社会性和经常性的科普活动，接待社会各界及大中小学生 2 万余人次。对于传承兽医精神、提升教学质量和育人水平具有重要意义，是普及动物医学知识、推进新农科建设、守护同一健康的重要平台。

4. 首都医科大学中医药标本馆

首都医科大学中医药标本馆创建于2020年,依托首医系统强大的专家资源和专业背景,以及国医大师中唯一的中药行业泰斗金世元先生为本馆的建设把关。作为北京市中医药文化资源转化示范基地、丰台区科普基地,精选展出植物、动物和矿物类中药标本千余种,室内科普展示面积600m²,包括本草简史图鉴、浸制、腊叶、中药材及饮片、贵重药标本等14个展区,配有科普放映厅、科普活动室、室外活动园区。科普中医药独特的生命观、健康观,助力健康中国、健康北京建设。

5. 中国农业大学昆虫博物馆

中国农业大学昆虫博物馆分为标本馆和展示馆两大组成部分,总占地面积约500m²,其中展示馆约250m²,设有昆虫多样性、昆虫的结构与功能、昆虫文化与学科历史等多个展厅,引入声光电和三维模型、实体沙盘等结合的现代化展览技术,可供专业教学、科普展览、动手实操、参观浏览等多种体验模式,具有普及昆虫学知识、宣传植物保护理念、弘扬美丽中国战略的作用。截至2023年12月,本馆已收藏各类昆虫标本350万种,其中包括7000余种模式标本,位居国内高校首位。此外,还收藏有昆虫相关的图书和文物近万件,为国内所少有。现藏最早的标本可追溯至1857年,迄今已有一百多年的历史。

(三)建筑领域

1. 北京建筑大学大兴校区教学科研基地

北京建筑大学大兴校区教学科研基地是校内重点特色实验室参观项目,包括基础学科(数学、物理、化学等)实验室动手实践;工程实践创新中心手工制作课程(古建筑模型制作、皮具制作、机器人拼装等);四合院、云冈石窟第十八窟复制项目(大佛)参观;专业先导课讲座及学业职业生涯类课程等实践与课程。

2. 北京建筑大学建筑馆

北京建筑大学建筑馆前身是图书馆,是在北京建筑大学建筑系81级学生李钊和常青毕业设计的基础上于1987年建成,由严济慈题写馆名。目前楼宇共计5层:地下一层是智慧营建创新实验中心。整合虚拟仿真、数字建造、数字加工、参数化设计、3D打印等师生高频使用且相互高度协同的前沿数字建筑实验功能,打造教学、科研、科创、交流四位一体具有国内领先水平的数字化建筑实验创新孵化平台;地上一层,中间是多功能展评大厅承担学科团队、专业教学常设展、优秀学生作业展、毕业设计展评、全国设计竞赛展评、学术会议展览等;北侧是资料室,实现学院作业存档、期刊阅览、数字资料查阅等功能;学生创新活动中心(与毗邻露台协同使用),承担专业竞赛、创新创业、多媒体直播、学团活动、文娱排练等多项功能。同时在南侧设置开放的研讨自习区和交流区,方便师生交流。学生工作办公室也放置在一层;地上二到三层,是建筑学院三四年级的学生专业教室,承担了教学、展览、模型操作等功能;地上四层,北侧和南侧是学院的教授工作室和团队工作室,中间大厅是五年级专业教室。

（四）医药领域

1. 北京中医药大学中医药博物馆

北京中医药大学中医药博物馆于1990年9月建成，坐落于中医药大学校内的逸夫科学馆中。它是一座收藏丰富、内容系统的专业性博物馆，馆内分为"医史部"和"中药部"两部分，展出面积共约1500m²。"医史部"收藏历代医药文物1000余种，善本医籍200种。《中国医学史展厅》以中华文化为大背景，同时以中国医药发展史成主线，通过各个时期的医药文物，再现了包括少数民族在内的祖国医学的主要成就；"中药部"收藏各类中药标本2800多种，5000余份。展陈包括《中药综合展厅》和《药用动物展览橱窗》两部分。《中药综合展厅》陈列近600种常用中药、1500多份中药标本，另有药用动物剥制与药用植物浸制标本近300种及数百幅药用植物彩色照片。

2. 北京市食品营养与人类健康高精尖创新中心

北京市食品营养与人类健康高精尖创新中心以明晰食品营养与人类健康的关系以及食品安全控制为两大基本支撑点，围绕健康食品加工技术研发与转化开展中心的建设，开展相关领域和方向的科学研究，打造高水平科研平台。二层展厅为科研成果转化展示。中心下设三个平台，分别为食品营养与人类健康研究平台、食品安全基础研究平台和健康食品加工技术与研发平台。

3. 首都医科大学附属北京儿童医院

首都医科大学附属北京儿童医院设备先进、设施完善、技术力量雄厚，科室齐全，设有呼吸科、泌尿外科、重症医学科、血液肿瘤中心等44个临床和医技科室。医院拥有国家呼吸系统疾病临床医学研究中心；儿科重症、小儿呼吸、中西医结合儿科、小儿外科和临床护理等5个国家临床重点专科建设项目；儿童血液病与肿瘤分子分型、儿童耳鼻咽喉头颈外科疾病、儿童呼吸道感染性疾病、儿童慢性肾脏病与血液净化、出生缺陷遗传学研究等5个北京市重点实验室；北京市儿童外科矫形器具工程技术研究中心；小儿先天性心脏病治疗中心、小儿实体瘤治疗中心、儿童睡眠疾病中心等16个市级医疗中心。在小儿复杂先心病的手术治疗、各类脊柱畸形的矫正、小儿泌尿畸形矫正、腹胸腔镜治疗、急腹症及创伤治疗以及神经、呼吸、内分泌、肾病、血液透析、耳鼻喉、纤维支气管镜、影像技术等专业疾病的诊断治疗及诊疗设备居国内领先地位，并率先在国内将儿科就诊年龄扩大到18岁。

4. 拜耳医药保健有限公司

作为拜耳集团在中国的下属企业，拜耳医药保健有限公司于1995年注册成立，总部位于北京，并在北京、广州等地设有生产基地。公司业务主要专注于心脏病学、肿瘤学、妇科学、血液学和眼科等治疗领域，通过不断引进创新药物，帮助中国患者提升生活质量。公司于2014年投资1亿欧元扩建北京工厂，大规模提升产能，保证处方药产品的稳定供应，帮助更多中国患者获得高品质的治疗方案，满足中国日益增长的需求。该项目已于2016年11月正式启用。这不仅再次印证了公司对中国的坚实信心和承诺，也为北京经济发展，劳动就业，医药产业升级等方面做出积极贡献。

5. 中国医学科学院

随着中国特色社会主义进入新时代，院校发展进入新百年、新甲子，院校上下深入贯彻落实习近平总书记"努力把中国医学科学院建设成为我国医学科技创新体系的核心基地"重要指示精神，积极与社会主义现代化强国建设目标对标对表，秉承"承启文化、健全体系、创立机制、拓展资源"的工作方略，在国内率先实施"4+4"临床医学教育模式、开创卓越护理人才贯通培养改革试验班、率先实施医学类准聘长聘教职聘任改革，组建中国医学科学院学术咨询委员会及六大学部，持续实施中国医学科学院医学与健康科技创新工程，加快建设以研究院所、研究基地、国家卫生健康委、中国医学科学院重点实验室和创新单元为主体的开放型国家医学科技创新体系，不断深化积极拓展各项国际交流合作，将院校打造成为国家医学研究和教育事业的先进思想源和强劲动力源，为我国人民健康、医学科学事业和医学教育事业发展作出新的更大贡献。

6. 国家电网公司北京电力医院

以党的二十大精神为引领，在国中康健集团公司统一领导下，医院按照"一型四化"（研究型、社会化、规范化、国际化、现代化）旗舰医院、集团示范医院发展战略持续、健康、快速发展，努力践行"服务国家、服务社会、服务企业"办企宗旨，以"三个全面"（医疗工作全面对标社会、健康管理全面引领行业、管理服务全面国际接轨）为发展路径，按照"一体三翼"（以医疗为主体，健康管理、养老、科研为三翼）发展模式，以"高质量发展、高品质运营"的步伐，跨上改革发展的新征程。

近年来，医院先后引进了心内科、普外科、耳鼻咽喉科（眩晕科学研究院）、妇产科、呼吸科、泌尿外科、脊柱外科、消化内科、胸外科、肾内科、免疫风湿等多个专业的专家及团队，专家引领优势和聚集效应不断发挥。普通外科系国家卫健委重点提升专科，心血管内科、口腔科被纳入丰台区临床重点专科，医院已成为国家级胸痛中心、卒中中心、心衰中心、心脏康复中心、高血压达标中心、癫痫中心。

7. 北京航天总医院

北京航天总医院内设有中国航天科技集团公司的工业卫生职业病防治中心、体检中心和医学影像中心、关节镜中心、口腔医学治疗中心和《中国现代医药》杂志编辑部。本院建有国家级酶学校准实验室，拥有国家卫生部批准的3个专科医师培训基地，是中国协和医科大学、南京医科大学的临床教学医院，是北京大学医学部教学培训基地，也是郑州大学和遵义医学院硕士研究生培养基地。

北京航天总医院长期与各大医院进行业务交流与合作，开设专家诊区，常年聘请北京协和医院、北京肿瘤医院、天坛医院、儿童医院、阜外医院、中日友好医院、妇产医院、同仁医院等医疗机构的100余位知名专家教授来该院坐诊和业务指导。

该院在急性脑栓塞超早期溶栓治疗、人工关节置换术、人工血管搭桥术、腹腔镜、宫腔镜等微创技术已达到或接近国内先进水平；在冠心病介入治疗、颈动脉狭窄、颅内动脉瘤、肝癌、子宫肌瘤等介入治疗取得丰富经验。

8. 北京汉典制药有限公司

北京汉典制药有限公司以北京汉典中西药研发中心为基础建立，是集科研、生产、销售为一体的高新技术企业。获国家GMP认证，具备国际先进标准及现代化生产设施。公司秉承传统中医药学理论，结合现代科学技术，拥有600名中药研究员以"生命健康"为宗旨，不断创制"国药经典"产品，努力塑造恒久品牌。公司已上市自主研制、获得国家中药保护的新药"吉灵参"颗粒和"汉典参苓"颗粒。面对现在与未来,公司将发挥中西药学和现代科学结合的优势,不断研制适合临床应用的产品,同时在西药中药化中研发新的药物。北京汉典制药有限公司即将上市消化系统、免疫系统和心血管等领域用药,并陆续推出优质新型产品,努力创建广受医患欢迎的品牌,完成"为健康服务"的使命。

(五)饲料领域

中国农业大学饲料博物馆建成于2016年,总面积3280m^2,包括1个序厅、4个主题展厅(综合厅、科教厅、原料标本厅和机械厅)和2个主题空间(阅览室和放映室)。场馆采用声光电等方式,应用信息技术、远程控制技术,实现学生身在教室,就可以看到饲料机械制造、饲料加工、畜禽养殖现场开展体验式教学,传承优秀的历史文化,把握营养与饲料学科发展历史与现状。同时饲料博物馆致力服务行业,回馈社会,力求"传承过去、记载当代、激励后学引领未来"。

(六)自然环境领域

1. 北京科技大学自然科学基础实验中心

北京科技大学自然科学基础实验中心是培养学生基本实验技能和科学素养的国内一流实验教学基地,拥有数学、物理、化学、电工电子、力学、化学分析中心等6个分中心,占地面积6100m^2,有室内标准实验场所51个,传承北京科技大学"求实鼎新、崇尚实践"文化精神,积极投身科普工作,担当社会育人使命。厚植科学土壤、夯实创新之基,自主研发科普仪器创品牌,打造优质科学实践活动课程100余种,积极对接中小学课后服务需要,做教育"双减"中的科学教育加法,发挥科技创新与科学普及示范引领作用,"鼎新实践课堂"下北科大"i科学"科普公益系列品牌活动,每年为上万名中小学生提供优质科普服务工作,形成了"实验星光""性科学实践活动""科技节、科普云课堂"等线上线下活动。

2. 清华大学环境学院

清华大学环境学院是我国环境保护领域的高水平研究中心。学院坚持面向国家环境保护战略需求,围绕水污染控制和水环境保护、给水排水、土壤与地下水环境、大气污染控制、固体废物控制与资源化、环境化学、环境生物学、环境生态学、环境系统分析、环境管理与政策、水质与水生态等重点领域开展了一大批基础性、前瞻性、创新性和战略性的科学研究和技术攻关。自"六五"时期以来,学院承担了国家水重大科技专项、国家科技支撑(攻关)计划、863计划、973计划、重点研发计划和国家自然科学基金等700余项重要研究任务,取得了一大批高水平技术和理论研究成果,累计获得国家科技三大奖29项、省部级奖励等200多项,国家授权专利、登记软件著作权1300余项。承担国际合作项目760余项、承担企事业单位委托项目2600余项。学院多项科研成果为国家重大行动与环境保护重大决策提供了支撑,多项创新技术成功投入重大环境工程实际应用并持续改进推广,取得了良好的社会环境效益。此外,学院师生参与了多起国家重大环境事件与重大活动并提供了技术支持。

3. 中国科学院青藏高原研究所

中国科学院青藏高原研究所（以下简称"青藏高原所"）于2003年12月成立，是中国科学院党组根据国家经济社会发展重大战略需求和国际科学前沿发展趋势，在知识创新工程科技布局和组织结构调整中成立的研究所之一，是目前国内唯一专门从事青藏高原综合科学研究的研究机构。青藏高原所认真贯彻落实党中央和院党组的决策部署，不断强化使命驱动的建制化基础研究，立足青藏、深耕高原，以"引领科学前沿、面向国家需求、服务区域发展"为宗旨，坚持"高水平、国际化、重服务"理念，艰苦创业、追求卓越，取得了一系列重要成果和重大突破，推动我国青藏高原研究事业进入了国际第一方阵。

青藏高原所实行北京部、拉萨部和昆明部"一所三部"的运行模式，北京部瞄准高水平人才基地、科学实验基地、学术交流基地、国际合作基地和综合协调基地建设，拉萨部瞄准高水平研究的科考—观测—实验基地、服务西藏持续发展基地、西藏科学普及教育基地建设，昆明部瞄准青藏高原极端环境下的生物遗传资源研究基地建设。还在加德满都、伊朗、挪威建有海外科学中心。研究所融合形成环境变化与地表过程、大陆碰撞与高原隆升、高寒生态与人类适应和三极观测与大数据4个研究中心，下设12大研究团队；建有青藏高原地球系统与资源环境重点实验室和国家青藏高原科学数据中心。已在青藏高原上部署10个野外观测台站（中心），分布于纳木错、珠峰、那曲、藏东南、阿里、慕士塔格、墨脱、昌都、玉树、阿尼玛卿等地，其中纳木错高寒湖泊与环境、珠穆朗玛特殊大气过程与环境变化、那曲高寒草地生态系统站成为国家级野外台站。研究所积极开展国内外学术交流与科技合作，与多个国家和地区建立了良好的合作关系，与国内相关院校、研究所、业务单位建立了广泛的联系和多种合作模式，也是中国青藏高原研究会、"一带一路"国际科学组织联盟（ANSO）秘书处的挂靠单位。

（七）林业领域

1. 北京林业大学博物馆

北京林业大学博物馆以森林植物标本馆建设为起点，以森林生物为特色，主要收集森林、湿地、草原、荒漠四大生态系统中珍稀濒危动植物标本，已形成集森林植物、森林昆虫、森林动物、木材、菌物、土壤与岩石等标本资源收藏与展示为一体的现代化自然博物馆，承载着教学育人、科学研究、科学普及和文化传承等任务。

截至2019年12月，本馆已收藏植物标本20万份，昆虫标本13万份，动物标本2000余份，菌物标本6000余份，木材标本1万余份，土壤与岩石标本近400份。其中，收藏模式标本约1000份。

场馆现有展览面积2300m^2，设有哺乳动物展厅、昆虫展厅、鸟类与爬行动物展厅、综合展厅、植物展室、种子展室、木材展室、菌物展室、土壤展室、岩石与矿物展室10个基本陈列。

现馆藏国家一级保护动物84种（占全部一级保护动物的43.1%），二级保护动物118种（占全部二级保护动物的28.0%）；一级保护植物107种，二级保护植物613种。

2. 北京林业大学草业科学与技术学院

北京林业大学草业科学与技术学院下设草地资源与生态系、草地生产与利用系、草坪科学与工程系和育种与种子科学系四个系。近五年来，学院承担"863 计划""973 计划"、科技支撑计划、国家自然科学基金等国家、省部级及国际合作科研项目 100 余项，到校课题合同经费 1 亿余元。学院建有国家级野外科学观测站 1 个，农业农村部、国家林草局和北京市等省部级科研基地平台 9 个；中国草学会秘书处、国家牧草产业技术体系研发中心、国家牧草技术创新联盟秘书处、草原资源可持续利用国家创新联盟秘书处、中文核心期刊《草地学报》编辑部等挂靠于本学院。

3. 北京农林科学研究院

北京市农林科学研究院设有 15 个专业研究所、中心；全院建有 2 个全国重点实验室、7 个国家级工程中心（实验室）、13 个农业部重点实验室、5 个国家林业草原工程中心、18 个市级重点实验室（工程中心）、4 个农业部检测中心，4 个国家级种质资源保存机构，拥有 1 个具有国际种子质量检测资质认证实验室（ISTA），1 个具有独立招收资格的博士后科研工作站。

研究所、中心具体如下：北京市农林科学院信息技术研究中心、北京市农林科学院智能装备技术研究中心、蔬菜研究所、林业果树研究所、玉米研究所、杂交小麦研究所、草业花卉与景观生态研究所、水产科学研究所、畜牧兽医研究所、植物保护研究所、植物营养与资源环境研究所、生物技术研究所、农产品加工与食品营养研究所、质量标准与检测技术研究所、数据科学与农业经济研究所。农业农村部重点实验室：农业农村部北方果蔬有害生物绿色防控重点实验室、农业农村部农作物 DNA 指纹创新利用重点实验室。

（八）航空航天领域

1. 北京航空航天大学航空航天博物馆

北京航空航天大学航空航天博物馆位于北京航空航天大学校园内，是我国首个航空航天科学技术的综合科技馆。博物馆展区总面积 8300m^2，分为长空逐梦、银鹰巡空，神舟问天、空天走廊 4 个展区。收藏航空航天文物精品以及结构、发动机、机载设备等珍贵实物 300 多件，通过高科技手段展示了航空航天原理以及人类飞天的历程。展馆集教学、科普、文化传承为一体。博物馆是航空航天国家级高等院校实验教学示范中心的重要组成部分，是教育部等九部委颁发的全国第一批中小学研学教育基地、是中国科协建立的全国优秀科普教育基地，北京市的爱国主义教育基地与科普教育基地，研学教育基地及国防知识教育基地。

北京航空航天博物馆前身是成立于 1985 年的北京航空馆，是在北航飞机结构陈列室、飞机机库基础上扩建而成，经近 4 年原址新建并扩充展品，于 2012 年北航甲子校庆更名并重新开馆。新馆自成立以来共接待 260 万余人次的教学、参观、社会活动。其中主要是面对各阶段的学生开展爱国主义教育和科普活动、进行国防知识的普及教育。特别是对社会公众传播科学精神、厚植爱国情怀；宣传国家航空航天事业，宣传航天精神，传承红色基因，弘扬空天文化，启迪青年人的创新思维。为全面建设社会主义现代化国家贡献青春力量博物馆是北航国家级精品课《航空航天概论》以及飞机设计核心专业课《航空发动机》《导弹设计》《航空宇航技术》等大学课程的重要教学实践基地，具有重要的教学功能。其中《航空航天概论》是本科低年级学生的核心通识课程，每年约有 4000 多人受益。博物馆还进行了线上科普教学工作的课程开发和建设，保证线上学习与线下课堂教学质量实质等效，覆盖约 3 万人次。

2. 北京航空航天大学工程训练中心

北京航空航天大学工程训练中心是教育部"国家级实验教学示范中心"、北京市"高校定点实习基地"、沙河高教园区"开放共享工程实践与创新基地"、中国仪器仪表学会"机械制造与仪器仪表主题科普教育基地"和北京市"科技馆之城"科技教育体验基地，建有传统机械制造工艺实训室、电子工艺实训室和"北斗""无人机""机器人""5G""人工智能"5 间校企联合创新实验室，拥有先进的仪器设备和一流实验教学环境以及专业的师资力量，可以提供高水平的科普教育资源。

3. 中国航天科工第三研究院

中国航天科工第三研究院是中国航天科工集团有限公司下属的飞航技术研究院，成立于 1961 年，历史上先后隶属于国防部第五研究院、第七机械工业部、海军、第八机械工业部、航天工业部、航空航天工业部、中国航天工业总公司、中国航天机电集团公司、中国航天科工集团有限公司，是我国集预研、研制、生产、保障于一体，配套完备、门类齐全的飞航技术研究院。

在履行强军使命的同时，三院大力推进空天装备、智能系统、信息技术、先进制造、商业航天等产业方向发展，着力培育一批"专精特新"项目，研发北京奥运会火炬，参与青藏铁路、东海大桥、首都机场等多项国家重点工程建设，牵头住建部城市地下管线综合管理试点项目，承担国产大飞机机体结构研制，成功突破海底管道漏磁内检测技术、油气钻井旋转导向技术，培育了智慧地灾监测预警系统、三维成像毫米波安检门、全向智能移动平台。

4. 中国航发北京航空材料研究院

中国航发北京航空材料研究院（以下简称"航材院"）成立于 1956 年 5 月 26 日，主要从事航空先进材料应用基础研究、材料研制与应用技术研究和工程化技术研究的综合性科研。机构现有 17 个材料技术领域 60 多个专业，覆盖金属材料、非金属材料、复合材料，材料制备与工艺，材料性能检测、表征与评价，提供标准化、失效分析和材料数据库等行业服务，拥有完整的材料、制造、检测技术体系和丰富的技术积累；持续实施科技创新和工程应用双轮驱动，现拥有 9 个国家级的重点实验室和工程中心，13 个省部级重点实验室和工程中心，6 个海外联合研究中心，4 条国家级生产示范线。

5. 中国航空工业集团有限公司

中国航空工业集团有限公司（以下简称"航空工业"）是由中央管理的国有特大型企业，是国家授权的投资机构，于 2008 年 11 月 6 日由原中国航空工业第一、第二集团公司重组整合而成立。集团公司设有航空武器装备、军用运输类飞机、直升机、机载系统、通用航空、航空研究、飞行试验、航空供应链与军贸、专用装备、汽车零部件、资产管理、金融、工程建设等产业，下辖 100 余家成员单位、25 家上市公司，员工逾 40 万人。

航空工业秉承技术同源、产业同根、价值同向的发展理念，积极探索制造业转型之路，深入推进工业化和信息化"两化融合"和智能制造。将航空高技术融入民用领域，大力发展汽车零部件、液晶显示、电线电缆、印刷线路板、光电连接器、锂离子动力电池、智能装备等产品，并协调发展金融投资、工程建设、航空创意经济等现代服务业。

6. 北京电子科技职业学院航空技术科普体验基地

北京电子科技职业学院航空技术科普体验基地以未来机长模拟飞行、飞手操控无人机组装与飞行、航空安全与应急撤离、未来工程师航模制作等沉浸式职业体验项目，现场近距离接触航空机械设备、了解民航知识、角色扮演飞行操控等，感受航空研学特色，弘扬"空天报国"精神。

（九）交通领域

1. 北京交通大学大学生机械博物馆

"汽智润心"科普教育基地可以近距离学习汽车内部构造，发动机内部结构等内容。包括 MPS 精益生产培训中心，完成汽车装配线体验。参与学生社团 ST 大学生车队"赛车工坊"的赛车制作调试，共同见证新中国汽车制造的辉煌历程。

2. 北京交通大学交通运输科学馆

北京交通大学交通运输科学馆隶属于北京交通大学交通运输学院，前身是1928年的交通博物馆，现址始建于1951年，原名叫铁道陈列馆，是为存放和陈列当时的全国铁路展览会展品而修建，在1978年更名为运输设备教学馆。运输设备教学馆以交通技术为特色，以铁路运输设备为主，并向综合交通方向发展，现有机车、车辆、信号、线路、综合仿真和铁路发展掠影等六个展馆，占地 3500m^2，使用面积 1800m^2。展馆珍藏有 600 余件见证我国铁路发展历程的铁路运输设备实物、模型、图片、视频资料和可操控的通信信号设备以及反映铁路设备全貌的运输综合仿真沙盘，是北京交通大学向社会大众普及交通知识，传播交大文化，展示交通模型，培养科研兴趣，回顾交通历史，培育家国情怀的重要的实践基地和科普基地。

交通运输科学馆先后荣获"北京市优秀教学成果奖""青年科技创新教育基地""交通运输国家级实验教学示范中心""全国铁路科普教育基地""国家交通运输科普基地""北京市科普基地""全国科普教育基地""'大思政课'实践教学基地""海淀区文明实践教育基地"等荣誉称号。作为北京交通大学交通运输国家级实验教学示范中心和虚拟仿真实验教学中心的重要组成部分，交通运输科学馆每年承担本科生直观教学任务，接待国内外访问学者、团体及中、小学生前来参观、交流访问5000余人次，已成为北京交通大学对外宣传交流的窗口和科普教育基地，在国内外享有很高的声誉和影响。

（十）非遗文化领域

北京电子科技职业学院非遗文化体验基地：基地以北京景泰蓝金属工艺、蓝印花布印染、京绣技艺及传统泥塑工艺等为主要非遗项目，现场可"学"非遗文化相关教学资源、"观"非遗工艺作品及艺术设计专业群教学成果展、"动"手体验体非遗技艺技能。

（十一）大气领域

1. 中国科学院大气物理研究所

研究所"十四五"时期的使命定位是：作为我国大气科学领域的国家战略科技力量，面向世界科技前沿、面向经济主战场、面向国家重大需求、面向人民生命健康，以地球大气科学为主攻方向，建设代表中国最高水平的"理论创新—技术研发—科教融合"三位一体的国际一流大气科学研究中心，成为与美国国家大气研究中心、美国地球物理流体动力学实验室、德国马普气象研究所齐名的国际顶级研究所，成为驱动我国大气科学研究创新发展的战略引领者、我国大气科学重大原始创新和关键核心技术的策源地以及我国大气科学最重要的高端人才聚集地和培养基地，服务于经济社会的可持续发展和国家安全。

以建设大气科学国际一流研发机构和国家战略科技力量为目标，明确"十四五"时期三个主攻方向：新一代地球系统模式研发及应用、气候变化与气象灾害、大气环境变化与碳中；四个新兴前沿方向：大数据和人工智能在大气科学中的应用、行星大气过程研究、极地大气关键物理过程研究、临近空间大气环境研究。

大气所保持与高校、科研院所、业务部门、国防部门、地方政府以及企业等的紧密合作与交流，发挥研究所在大气科学领域的引领示范作用，服务于国家和社会需求。共同承担国家重大科技任务，签订战略合作协议，资源共享，协同创新，推进学科进步和人才建设；与气象、环保、海洋、农业、航空航天、水利、资源、国防等业务部门开展科技合作，为我国防灾减灾、环境保护、生态建设、国防安全、工农业生产等提供科技支撑；与地方政府、企业合作，推动产学研结合和科技成果转移转化。

2. 北京市丰台区气象局

气象局预报服务包括决策气象服务、公共天气预报服务、专业有偿服务等。地面观测项目主要有云、能见度、天气现象、气压、气温、湿度、风向、风速、降水、日照、小型蒸发、雪深，承担加密天气报、重要天气报、雨量报、旬月报发报任务；预报服务工作主要内容包括"决策气象服务系统"、电视天气预报、旬月天气预报、重大天气及重大活动天气预报，气象资料及气象证明等。

（十二）高校院所

中国科学院拥有的科普场馆有34所（表4-2）。中国科普博览通过数百个科学家视频讲座、视频短片、科学游戏、科学动画，以及虚拟科学体验和虚拟科学实践等形式来表现科学内容；通过科学家专栏系统和科学SNS社区，为公众、科学家提供相互交流的环境。

表4-2 科普场馆名单

中国科学院合肥物质科学研究院合肥现代科技馆	中国科学院南京中山植物园标本馆
中国科学院武汉植物园标本馆	广西壮族自治区中国科学院广西桂林植物研究所广西植物标本馆

续表

中国古动物馆	中国科学院西北高原生物研究所青藏高原生物标本馆
中国科学院西双版纳热带植物园热带雨林民族文化博物馆	中国科学院昆明植物研究所标本馆
中国科学院南京地质古生物研究所南京古生物博物馆	中国科学院华南植物园标本馆
中国科学院动物研究所国家动物博物馆	中国科学院武汉病毒研究所中国病毒标本馆
中国科学院水生生物研究所淡水鱼类博物馆	中国科学院微生物研究所菌物标本馆
中国科学院上海生命科学研究院植物生理生态研究所上海昆虫博物馆	中国科学院植物研究所植物标本馆
中国科学院新疆生态与地理研究所生物标本馆	中国科学院昆明动物研究所昆明动物博物馆
中国科学院南海海洋研究所南海海洋生物标本馆	中国科学院华南植物园鼎湖山树木园
中国科学院南京土壤研究所土壤标本馆	中国科学院沈阳应用生态研究所树木园
中国科学院东北地理与农业生态所中国湿地植物标本馆	中国科学院庐山植物园
中国科学院昆明植物研究所植物园	中国科学院南京中山植物园
中国科学院华南植物园	中国科学院广西桂林植物研究所植物园
中国科学院武汉植物园	中国科学院西双版纳热带植物园
中国科学院植物研究所植物园	华南植物园
国家天文台	国家动物博物馆

（十三）遗传领域

中国科学院遗传与发育生物学研究所：遗传发育所下设基因组生物学、分子农业生物学、发育生物学、分子系统生物学和农业资源5个研究中心，拥有公共技术平台、实验动物中心、现代化植物温室等平台设施，昌平生物技术育种基地、海南南繁育种试验基地、东营分子设计育种试验基地等试验基地，以及河北栾城农田生态系统国家野外观测试验站、南皮生态试验站、太行山试验站等网络台站。拥有植物基因组学国家重点实验室、植物细胞与染色体工程国家重点实验室、分子发育生物学国家重点实验室、中国科学院农业水资源重点实验室、河北省节水农业重点实验室、河北省土壤生态学重点实验室，是国家植物基因研究中心（北京）的依托单位。

（十四）科技领域

1. 中国信息通信科技集团有限公司

中国信息通信科技集团有限公司简称中国信科集团，其业务范围有光通信、移动通信、光电子和集成电路、网信安全和特种通信、智能化应用、数据通信6个方面。

2. 北京百度网讯科技有限公司

从创立之初，百度便将"让人们最平等、便捷地获取信息，找到所求"作为自己的使命,成立以来,公司秉承"以用户为导向"的理念,不断坚持技术创新,致力于为用户提供"简单,可依赖"的互联网搜索产品及服务,其中包括以网络搜索为主的功能性搜索,以贴吧为主的社区搜索,针对各区域、行业所需的垂直搜索,MP3搜索,以及门户频道、IM等,全面覆盖了中文网络世界所有的搜索需求,根据第三方权威数据,百度在中国的搜索份额超过80%。

3. 真点科技(北京)有限公司

公司的经营范围包括技术开发、技术咨询、技术转让、技术推广、技术服务、技术交流;信息系统集成服务;基础软件服务;应用软件服务;软件开发;销售自行开发的产品、软件、通信设备、电子产品、仪器仪表;数据处理;代理进出口、货物进出口、技术进出口;工程和技术研究与试验发展。

4. 中关村科技园区昌平园

昌平园以"两谷一园"和中心区为支撑,打造专业园区和双创载体结构体系,形成了医药健康、先进能源、先进制造等主导产业,培育了新一代信息技术、科技服务业等支柱产业。

5. 北京海聚博源科技孵化器有限公司

北京海聚博源科技孵化器有限公司作为产业园独具特色的"园区+"服务体系的打造者和运营服务机构,建设了包括"园区+政府""园区+征信""园区+信息安全""园区+基础服务""园区+人力资源""园区+资本""园区+生活配套服务"的全方位全产业生态的完善服务体系,并且打造了专门服务于金融领域的"互联网金融安全专业技术服务平台",平台通过互联网金融安全专家委员会、互联网金融安全研究院、南湖互联网金融学院,万向区块链实验室,互联网金融风险防控实验室,数字货币支付安全实验室等互联网金融科技研究机构、专家团队的学术、科研能力、技术应用实践能力的支持,为互金安全产业生态树立示范,同时服务于园区内外的金融以及科技企业,并为中小微金融以及科技类创业企业和项目提供完善的产业生态闭环支持,实现创新创业项目及团队的零成本入驻,全方位服务,精准孵化,专项产业基金支持,产业链资源共享的全流程孵化模式。

6. 北京智农天地网络技术有限公司

北京智农天地网络技术有限公司主要从事农村远程教育技术和农业信息技术产品研发、农业数字多媒体资源制作、农业产业规划设计、农业影视摄制及农产品电子商务等服务。

在注重生态文明建设与青少年综合素质培养的时代背景下,北京市密云区可以发挥自身独特优势,积极整合各方资源,为青少年生态文明教育搭建了广阔而坚实的平台。密云区拥有丰富且独具特色的生态文明教育资源,这里山川秀丽、水系发达,广袤的森林、清澈的河流、多样的湿地以及丰富的野生动植物资源,构成了天然的生态课堂。与此同时,密云区青少年宫积极发挥桥梁纽带作用,与北京市其他地区的科研院所、高校等创新人才培养资源单位展开深度协同合作。这些科研院所和高校汇聚了众多顶尖的科研人才和前沿的科研成果,在生态文明领域有着深厚的研究积淀和丰富的实践经验。借助这样的资源整合,北京市密云区各学校得以开展丰富多样、精彩纷呈的生态文明教育实践活动。

　　学校可以组织学生们走进自然保护区，开展野外生态考察活动。在科研人员的带领下，学生们穿梭于山林之间，观察鸟类的迁徙习性、记录植物的生长特征，亲身感受大自然的神奇与美丽。他们还可以参与湿地保护行动，学习如何监测水质、保护湿地生物的栖息地，在实践中增强对生态环境的保护意识。此外，学校还可以邀请科研院所和高校的专家学者走进校园，举办生态文明主题讲座和科普展览，向学生们介绍生态文明领域的最新研究成果和前沿动态，激发他们对生态科学的浓厚兴趣。

　　通过参与丰富多样的实践活动，学生们能够逐渐建立起对环境保护的深刻认识，促使他们形成积极向上的生态文明观念，在日常生活中自觉践行环保行动。同时，他们也会积极向身边的人传播生态文明理念，成为生态文明建设的宣传者和践行者，为推动整个社会的生态文明建设贡献自己的一份力量。

结　　语

　　生态文明观作为当今社会一种深刻且紧迫的环境保护理念，不仅强调了人类与自然和谐共生的核心价值，还积极倡导绿色、低碳、循环的发展方式。这一理念的核心在于平衡经济发展与环境保护之间的关系，实现可持续的、健康的生态系统。而生态文明教育资源则是生态文明观得以深入人心、广泛传播和实践的重要载体，它们涵盖了丰富的自然环境、专业的生态教育基地以及多样化的实践课程，为学生和社会公众提供了直观、生动且富有实践性的学习体验。

　　通过整合这些生态文明教育资源，我们能够更有效地传播生态文明观。通过组织学生参与生态考察和野外实习等活动，让他们亲身感受大自然的壮丽与脆弱，了解生态系统的复杂性和运作规律，从而深刻认识到保护环境的紧迫性和重要性。同时，借助生态课程和讲座等形式，向学生传授生态知识，培养他们的环保意识和责任感，激发他们为保护环境贡献力量的热情。

　　此外，生态文明教育资源还为生态文明观的实践提供了有力支持。借助自然保护区、湿地公园等丰富的生态环境资源，学生们得以在实践中亲身体验和学习生态文明知识。通过学习科学技术并将其应用于环保实践中，深入探索和学习传统文化中蕴含的生态智慧，学生们能够更深刻地理解生态文明建设的核心价值和深远意义。这种亲身体验不仅强化了他们的环保意识和责任感，更促使他们将生态文明理念转化为积极的行动。这样的实践性学习不仅加深了学生们对生态文明观的理解，还培养了他们的团队协作能力和强烈的社会责任感，共同为实现人与自然的和谐共生贡献力量。

　　同时，创新人才培养是我国应对国际竞争、实现科技自立自强的重要支撑。在生态文明领域，创新人才的培养需与国家战略紧密相连，致力于培育具备生态文明意识的青少年。为实现这一目标，我们可以充分利用校外生态文明教育资源，通过实践活动等方式，激发学生对生态文明的兴趣和热情，培养他们的创新思维和实践能力。这样，我们不仅能够满足新时代对具有生态文明观念人才的需求，更能为生态文明领域输送创新人才，共同推动国家的生态文明建设和可持续发展。生态文明观与生态文明教育资源之间存在着密切的联系，通过充分利用和整合这些资源，我们能够更好地传播和实践生态文明理念，推动社会向更加绿色、可持续的方向发展。

　　让我们携手努力，共同为构建美丽中国、实现人与自然和谐共生贡献力量！

参 考 文 献

[1] 唐春，秦川，吕国富. 万峰林生态文明教育基地建设及其功能 [J]. 阜阳职业技术学院学报，2020，31（1）：67-70.
[2] 汤文娴. 东平国家森林公园生态科普基地活动指南 [M]. 上海：上海教育出版社，2009：10.
[3] 赵晔. 文旅背景下的地域性生态文明教育基地服务系统设计探索——以南京市江宁区溪田文明教育基地为例 [J]. 工业设计研究，2019：242-249.
[4] 申冬梅. 黑龙江省森林公园型生态文明教育基地研究 [D]. 东北林业大学，2015.
[5] 李连鹏，刘宁，赵辉，等. 首都高校生态文明教育现状分析与对策 [J]. 大学，2024（10）：72-75.
[6] 蒋笃君，田慧. 我国生态文明教育的内涵、现状与创新 [J]. 学习与探索，2021（1）：68-73.
[7] 姜建，刘鑫一，张枢. "双碳"背景下高校拔尖创新人才培养的路径研究 [J]. 黑龙江教育（高教研究与评估），2024（6）：59-61.